AF558486

Ulrich Zimmermann
Die 1-Tage-Woche

Ulrich Zimmermann

Die 1-Tage-Woche

Wirklich erfolgreiche Unternehmer haben Zeit

Mentoren-Verlag

Der Verlag weist ausdrücklich darauf hin, dass im Text enthaltene externe Links vom Verlag nur bis zum Zeitpunkt der Buchveröffentlichung eingesehen werden konnten. Auf spätere Veränderungen hat der Verlag keinerlei Einfluss. Eine Haftung des Verlags ist daher ausgeschlossen.

Bibliografische Information der Deutschen Nationalbibliothek
Die Deutsche Nationalbibliothek verzeichnet diese Publikation in der Deutschen Nationalbibliografie; detaillierte bibliografische Daten sind im Internet über http://dnb.d-nb.de abrufbar.

1. Auflage

Königsberger Str. 16, 55218 Ingelheim am Rhein

Lektorat: Sarah Küper, Mainz
Korrektorat: Marie Schumacher, Leipzig
Umschlaggestaltung: Nadine Nagel, Mainz
Autorenfoto: Yannik Scherthahn, Albersweiler
Satz und Layout: Sarah Küper, Mainz

ISBN: 978-3-98641-107-7

www.mentoren-verlag.de

Inhaltsverzeichnis

Vorwort

Es ist immer das gleiche Phänomen. Wenn ich anderen erzähle, dass ich Unternehmer auf dem Weg in die 1-Tage-Woche begleite, schaue ich in verwunderte Augen. Zuerst huscht der Blick mit der Frage, ob sie sich wohl verhört haben, übers Gesicht. Dann ein kurzes Lächeln. Hätte ich auch gern. Schließlich kommt in der dritten Welle die Ernsthaftigkeit zurück. Das ist doch Quatsch. Wie soll denn das gehen? Man muss doch als Unternehmer ein Vorbild sein. Wie soll man denn ein Unternehmen führen, wenn man nur so wenig da ist? Ich muss doch schauen, was meine Leute machen. Wie soll das denn ohne mich laufen?

Deshalb freue ich mich, dass du dieses Buch jetzt in deinen Händen hältst und deiner Neugier nachgeben hast: Wie soll denn das gehen? Genau dafür habe ich das Buch geschrieben. Ich möchte dich einladen, von meiner Geschichte zu profitieren und für dich und dein Umfeld eine neue Welt zu entdecken. Aus der »höher, schneller, weiter«-Welt in die »leichter, menschlicher, nachhaltiger«-Welt. Es mag egoistisch klingen. Das ist es auch und ist es auch nicht. Schon mal vorab: Die 1-Tage-Woche funktioniert nur zum Nutzen deines Umfelds. Je mehr Nutzen du durch die Veränderung für andere schaffst, desto schneller und nachhaltiger bekommst du die Freiheit über deine Zeit zurück.

Ich bin so frei dich zu duzen, weil es ein persönliches Buch ist. Es ist meine ganz eigene Geschichte. Es sind meine Erkenntnisse und Erfahrungen. Es ist kein wissenschaftliches Werk und kein Fachbuch. Es ist meine Einladung von Unternehmer zu Unternehmer auf Augenhöhe. Deshalb auch per Du.

Auf meinem Weg habe ich viel Lehrgeld bezahlt und noch mehr Leergeld. Es muss nicht jeder alles immer wieder neu erfinden. Deshalb ist dieses Buch meine Einladung an dich, von diesen Erfahrungen, Erkenntnissen und Ergebnissen für dich und dein Umfeld zu profitieren. Es lohnt sich, das Unternehmersein neu zu denken. Leichter. Menschlicher. Nachhaltiger. Die Welt kann es brauchen.

Die 1-Tage-Woche ist nur ein Synonym dafür, dass du im Idealfall nur noch einen Tag jede Woche hin »musst«. Besser ist es, wenn du die

Wahl hast. Arbeite durch oder gar nicht mehr. Organisiere dich und dein Unternehmen so, dass es auch ohne dich funktioniert. Dann hast du die Freiheit der Wahl. Wirklich erfolgreiche Unternehmer haben Zeit, weil sie die Wahl haben, wo, wie und mit wem sie ihre Zeit verbringen. Sie wissen, wie kostbar ihre Zeit ist. Zeit ist *die* ultimative Währung.

Dieses Buch ist kein Zeitmanagement-Buch. Es geht nicht darum, noch geschickter mehr Aufgaben in deinem Kalender unterzubringen. Ganz im Gegenteil. Es geht darum, dich generell aus diesen Handlungszwängen zu befreien. Das Ziel besteht darin, dass du deine zeitliche Freiheit wieder zurückgewinnst.

Der rote Faden ist meine eigene Story zwischen Freiheit und Hamsterrad. Entlang meiner eigenen Geschichte werden wir uns mit drei großen Hebeln beschäftigen, die du in Bewegung setzen kannst, um auch dich aus deinem Hamsterrad zu befreien.

1. Dein Mindset
Mache dir bewusst, wo, wie und mit wem du deine Zeit verbringen willst. Wohin und wozu bist du unterwegs?

2. Deine Mitarbeitenden
Wie machst du deine Leute groß? Warum du die Lebensziele deiner Leute zu Firmenzielen machen solltest.

3. Deine Leistungszwänge
Wie Du zum Beispiel deine Steuerlast auf 1/3 senkst und deshalb auch 2/3 weniger arbeiten musst.

Diese drei Hebel gemeinsam befreien dich Stück für Stück aus vielen Handlungszwängen, die uns Unternehmern gerne die Zeit stehlen.

Willkommen auf dem Weg in deine zeitliche Freiheit. Let´s go.

Hinweis:

Aus Gründen der besseren Lesbarkeit wird in diesem Buch bei Personenbezeichnungen und personenbezogenen Hauptwörtern die männliche Form (das generische Maskulinum) verwendet. Sämtliche Angaben beziehen sich selbstverständlich auf Angehörige aller Geschlechter.

Der größte Fehler ist,
dass du denkst, du hättest Zeit.
Zeit ist kostenlos,
aber unbezahlbar.
Du kannst sie nicht besitzen,
aber du kannst sie nutzen.
Du kannst sie nicht behalten,
aber du kannst sie verschenken.
… und ist sie einmal verloren,
bekommst du sie nie wieder zurück.

– Buddha –

Wie du dieses Buch am besten für dich nutzt

Du kannst dieses Buch einfach klassisch von Beginn bis zum Ende durchlesen. Für diese Art, es zu lesen, habe ich es geschrieben. Du kannst auch stattdessen von Kapitel zu Kapitel springen und einfach schauen, was dich am meisten anspricht.

Es macht Sinn, es in kleinen Häppchen zu lesen. Hole dir immer mal wieder einen Impuls. Lass ihn ein paar Tage wirken. Gleiche deine Erfahrungen mit meinen ab. Dann kannst du sofort in die Umsetzung gehen. Du musst das Buch nicht fertiglesen, um starten zu können. Es sind Puzzlesteine, die am Ende in ein schönes Bild fallen. Es ist also egal, wo du beginnst. Fang einfach an, die Tipps umzusetzen.

Alternativ kannst du dieses Buch auch schnell durchlesen, es anschließend weglegen und die Ansätze erst einmal sacken lassen. Gehe es dann gezielt noch ein weiteres Mal an, um dann diese Impulse Schritt für Schritt sofort umzusetzen.

Und natürlich lebe ich nicht vom Bücherschreiben. Ich bin Wegbegleiter für Unternehmer, die ihre zeitliche Freiheit wieder haben und dauerhaft behalten möchten. Du bist eingeladen, mich auch für deinen Weg zu nutzen. Schreibe mir deine Ideen und Anregungen, nutze Online-Calls zum persönlichen Kennenlernen, profitiere von den vierteljährlichen 10-Wochen-Challenges oder dem *HIKE&STRIKE*-Jahresprogramm.[1]

Das Buch ist möglicherweise der Beginn deines und meines gemeinsamen Weges. Wir werden die Zeit brauchen, um eine neue urenkeltaugliche Gesellschaft zu gestalten, die allen dient. Dieses Buch kann der Start für deinen zeitlichen Freiraum sein, mit dem du deine urenkeltaugliche Gesellschaft in deiner Firma startest.

In der *100Plus.Community* findest du andere Unternehmer als Unterstützung für dich auf deinem Weg.

Danke – an die Menschen, die mich auf meinem Weg begleitet haben

Auf meinem Weg gab und gibt es viele liebe Menschen, die mich ausgehalten, begleitet, unterstützt und auch bekämpft haben. Manche haben mir Rückenwind gegeben. Andere haben mich am Gegenwind wachsen lassen. Manche haben mit kurzen Impulsen viel bewegt. Andere haben mir Türen geöffnet. Einige waren immer da. Bei allen bin ich mir sicher, dass sie mehr Wertschätzung von mir verdient hätten. Einige wenige Menschen, die besonders viel in meinem Leben bewegt haben, möchte ich hier namentlich erwähnen.

Anja Wittmann – Die Liebe meines Lebens. Ihrem großen Herzen verdanke ich extrem viel. Von ihr habe ich gelernt, wie »Familie« geht. Ich kannte bis dahin nur das Modell »Unternehmerhaushalt«. Von ihr habe ich vor allem gelernt, dass es das Wichtigste ist, mit wem man seine Zeit verbringt. Wir haben uns vor 34 Jahren gefunden. Viele Jahre später verloren und zum Glück wieder gefunden.

Björn Erhard – Ein Ausnahme-Unternehmer. Wir haben uns in einem Unternehmer-Bank-Gespräch schätzen gelernt, in dem ich den Bankberater coachen sollte. Entstanden ist eine Freundschaft, von der beide Seiten sehr profitieren. Björn setzt nahezu 1:1 alle Tipps von mir für die Führung seiner drei Firmen um. Der erlebbare Erfolg daraus macht mich ein wenig stolz. Von der Erkenntnis bis zur Umsetzung gibt es bei ihm keinen Zeitverzug. Einfach machen. Fertig. Seine Art, Chancen zu sehen, Menschen zu vernetzen, und seine Konsequenz fasziniert mich seit Jahren.

Karl-Heinz Zimmermann – Mein Vater war schon immer großzügig, geschäftstüchtig und pfiffig. »Faulheit denkt scharf« und »Lieber mit einem faulen Intelligenten als mit einem fleißigen Dummen zusammenschaffen« sind seine Lieblingsmantras. Diese Denkansätze haben mir unzählige Stunden erspart. Er hat immer Wege gefunden, die Dinge zu ermöglichen, die für unsere Familie wichtig waren. Heute wäre es wohl »Work smart not hard«.

Karl und Robert Oelbermann – Sie haben 1919 mit der Gründung des *Nerother Wandervogel*[2] Tausenden von Jugendlichen eine andere Welt eröffnet. Gelebte Freiheit losgelöst von Politik und gesellschaftlichen Normen. Persönlich habe ich sie nie kennengelernt und doch haben sie ab meinem 15. Lebensjahr mein Weltbild geprägt. Hier durfte ich meine ersten Führungserfahrungen als 17-Jähriger machen und wurde mit 23 zum Ritter geschlagen. Die Freundschaften aus dieser Zeit halten bis heute seit über 45 Jahren.

Karl-Ludwig und Dörte Schwarz – Sie sind das beeindruckendste Unternehmer-Ehepaar, das ich je kennengelernt habe. Von ihnen konnte ich Weitsicht, Güte und Großzügigkeit lernen. Karl ist seit seiner Kindheit aufgrund einer Kinderlähmung auf Krücken angewiesen. Er nimmt die Treppe statt des Aufzugs und leitet den Betriebssport sowie den weltweiten Einkauf des Unternehmens mit ca. 1.000 Mitarbeitenden. Nebenbei bauen sie eine ehemalige LPG (Landwirtschaftliche Produktionsgenossenschaft) in ein Bio-Zentrum um. Mit fast 70 Jahren beginnt Dörte noch mit Gleitschirmfliegen.[3] Unsere Tochter hat den Zweitnamen Carla – in wertschätzender Erinnerung an Karl Oelbermann und Karl-Ludwig Schwarz. Karl bedeutet der Freie. Nomen est Omen *(»Der Name ist Programm«)*.

Leonie Carla Zimmermann – Sie hat unser Leben auf den Kopf gestellt, als sie 1997 auf die Welt kam. Unsere Tochter hat uns im Griff. Ohne sie hätten wir keine Pferde und keinen Hund. Wir würden nicht auf dem Land leben. Sie hat sich immer am Wochenende die Zeit geholt, die sie von mir gebraucht hat. Spielen, Reiten, gemeinsam etwas unternehmen … Ich freue mich schon darauf, diese Tradition mit unserem Enkel Theodor fortzusetzen.

Unsere Mitarbeitenden – Im Laufe der Jahre haben sich viele Menschen bei HZ-Autoteile engagiert. Diejenigen, die noch bei meinem Vater in unserem Unternehmen begannen, hatten sich mich als Chef nie ausgesucht. Nachfolgelösungen werden den Bestandsmitarbeitenden aufgenötigt. Von Freiwilligkeit ist das weit entfernt. Diese Kollegen möchte ich mich Nachgang noch um Entschuldigung dafür bitten, dass ich oft ein sehr getriebener und anfangs wenig souveräner Chef war. Ich habe sie als Lehrzeit gebraucht. Ihre Namen habe ich für das Buch geändert.

Volkmar von Richthofen – Obwohl er mich als Coach nur kurz begleitet hat, weil ich damals die Kosten meinem Vater gegenüber nicht durchsetzen konnte, hat die Geschichte des Gutsverwalters seines Onkels nicht nur mein Leben verändert. Für den Satz *»Ich verteile alle Aufgaben so, dass keine übrig bleibt«* werde ich ihm immer dankbar sein. Er kam immer in einer weißen Ente, dem *Citroen 2CV*.

Prof. Dr. Dr. Wolfgang Berger – Wir haben uns Ende der 90er kennen und schätzen gelernt. Seine Bücher *Business Reframing – Humanes Management in Resonanz mit Herz und Hirn*[4] und *Anleitung zur artgerechten Menschenhaltung*[5] haben mich fasziniert. Sie waren von der Haltung so viel anders als die bisherige Management-Literatur. Hier geht es um die Menschen und nicht um den Profit.

Prof. h.c. Wolfgang Mewes – Ich habe ihn nur einmal persönlich kurz gesprochen, als er mir den ersten Platz des *Strategiepreises 2006* überreicht hatte. Die Denkweise seiner *EKS® Engpasskonzentrierten Strategie*[6,7] hat mein Unternehmerleben sehr wesentlich geprägt. Ohne diese Denkansätze wäre ich wirtschaftlich definitiv nicht so erfolgreich geworden. Die EKS ist mir 1984 zum ersten Mal begegnet und begleitet mich seitdem in allen geschäftlichen Entscheidungen. Die Suche nach dem wirksamsten Punkt und die konsequente Ausrichtung auf die Steigerung des Nutzens sind prägend.

Geld ist wie Ebbe und Flut.
Geld kommt und geht.
Zeit ist wie Dauerebbe.
Zeit geht und kommt nie wieder.

– Ulrich Zimmermann –

Abschnitt 1: Zeit ist die ultimative Unternehmerwährung

Im ersten Abschnitt des Buches widmen wir uns einigen grundlegenden Gedanken zu unserer verfügbaren Zeit als Unternehmer. In welche Denkfallen tappen wir regelmäßig? Wie viel Zeit haben wir denn eigentlich in unserem Leben und pro Tag? Wieso ist Zeit die ultimative Unternehmer-Währung? Warum macht die 1-Tage-Woche dein Unternehmen wertvoller? Und wodurch macht die 1-Tage-Woche Unternehmen erst übergebbar bzw. verkaufbar?

Kapitel 1
Warum Zeit deine knappeste Ressource ist – Zeit ist die ultimative Untenehmerwährung

Bilanzen, BWAs, Inventuren, offene Posten, Abgrenzungen, Kostenarten … bei Geld wollen alle jederzeit wissen, woran sie sind. Wo fließt es weg? Wo kommt Neues her? Wie machen wir mehr daraus? Wie schaffen wir Reserven? Wie werden wir effizienter und effektiver?

Wir betreiben einen riesigen Aufwand beim Umgang mit Geld. Wir horten, sparen oder vermehren Geld, obwohl es gar nicht knapp ist. Es wird einfach nachgedruckt oder gar virtuell erschaffen. Bei Zeit – im Gegensatz zu Geld – glauben wir, wir hätten genug davon. Das ist einer unserer größten Denkfehler. Geld ist wie Ebbe und Flut. Es kommt und geht. Zeit ist wie Dauerebbe. Zeit geht und kommt nie wieder.

Zu Beginn unseres Lebens haben wir 30.000 Tage auf unserem Lebenszeitkonto. Jeden Tag verlieren wir einen dieser Tage. Jeden Tag verrinnen 86.400 Sekunden unserer Lebenszeit. Einmal verbraucht ist Zeit weg … und kommt nie wieder. 30.000 Tage wirken kürzer als die statistischen 83,3 Jahre Lebenserwartung. Nur weil wir nicht wissen, wann unser Ende ist, glauben wir, es gäbe keines. Wir glauben, wir gewinnen den Lauf gegen die Zeit. Das Rennen gegen die Zeit hat noch niemand gewonnen.

Am Ende gehen manche mit mehr Geld. Die meisten mit weniger Geld. Und alle ohne Zeit. Das Zeitkonto bei uns allen steht dann auf Null. Wann? Das wissen wir zum Glück nicht. Dann wird niemand am Grab stehen und uns loben, wie viel Zeit wir im Büro, auf der Straße, in Meetings, mit Bilanzen, mit Strategien etc. verbracht haben. Menschen, die auf dem Sprung sind, machen sich keine Gedanken mehr darüber, wie viel Geld sie noch hätten verdienen können, sondern über die Zeit, die sich nicht mit den Menschen und den Dingen verbracht haben, die ihnen wirklich wichtig gewesen wären.

Sie bedauern nicht die Fehler, die sie gemacht haben, sondern Gelegenheiten, die sie verpasst haben. Über die Zeit, die sie nicht mit ihren

Lieben, ihren Wünschen, ihren Ideen verbracht haben. Wenn unsere Zeit abgelaufen ist, ist es für uns egal, wie viel Geld wir auf dem Konto haben. Bis dahin ist Zeit die ultimativere Währung für ein erfülltes Leben.

Mit Blick nach vorne macht es Sinn, wenn du dir selbst ein paar Fragen zu deiner verbleibenden Zeit beantwortest:

Fragen an dich:

- Wie viele deiner durchschnittlichen 30.000 Lebenstage hast du wahrscheinlich noch vor dir?
- Wofür willst du deine Zeit einsetzen?
- Wo und wie möchtest du deine Zeit verbringen?
- Mit wem möchtest du deine Zeit teilen?

Kapitel 2
Wie du dein Unternehmen für alle wertvoller machst: Die 1-Tage-Woche

Ein Tag pro Woche sollte reichen, um all die Aufgaben zu erledigen, an denen du nicht wirklich viel Freude hast. Die anderen Tage machst du einfach, was dich erfüllt, was dir Freude macht und was dich weiterbringt. Du nutzt deine Zeit für alles, was dir wirklich wichtig ist. So ist der Plan. Wenn du es gut machst, reicht sogar ein halber Tag.

Deine 1-Tage-Woche ist nur ein Bildnis dafür, dass du es geschafft hast, dich aus dem operativen Tagesgeschäft so weit herauszulösen, dass dein Unternehmen dich für den normalen Ablauf nicht mehr braucht: Dein Unternehmen läuft im Tagesgeschäft völlig ohne dich. Du hast es so organisiert, dass du es von einem auf den anderen Tag verkaufen könntest. Deshalb kannst du freiwillig jeden Tag hingehen oder nahezu gar nicht mehr kommen. Du hast die Wahl. Jeden Tag aufs Neue. Du hast die Freiheit, zu entscheiden, womit, wozu und mit wem du deine Zeit verbringst. Das ist das Ziel. Die 1-Tage-Woche für Unternehmer ist ein Mehrfach-Gewinner-Modell. Sie funktioniert nur zum Nutzen aller Beteiligten. Niemals zu Lasten anderer.

Für dich ist es klar, du gewinnst die Freiheit, deine Zeit zu verbringen wo, wie, wann, mit wem und wozu auch du willst. Das gönnst du dir UND deinen Leuten auch. Das ist fair. Oder? Einer der großen Hebel auf dem Weg zu deiner 1-Tage-Woche sind die Lebensziele deiner Leute. Du baust deine Firma um deren Lebensziele herum. Ja, du hast richtig gelesen. Deine Lebensziele *und* die Lebensziele deiner Leute. Als Mehrfach-Gewinner-Modell.

Wenn deine Mitarbeitenden – ich nenne sie immer liebevoll deine Leute – erleben, dass sie durch die Arbeit in deinem Unternehmen ihre eigenen Lebensziele leichter, menschlicher und nachhaltiger erreichen, werden sie gerne kommen, gerne bleiben, ihr volles Potenzial einsetzen, richtig ertragreich wirtschaften, weniger krank sein und hoch engagiert motiviert arbeiten.

Es ist leichter, deine Firma an die Menschen anzupassen, als die Menschen an deine Firma. Das wirst du später im Buch an einigen Beispielen sehen. Du kannst also auch hier entspannt bleiben. Du ahnst schon, was passiert, wenn Menschen sich so engagieren, als wäre es ihr eigenes Unternehmen: Sie nehmen dir sehr gerne viel Arbeit und viel Verantwortung ab. Einfach, weil sie dankbar für den Entwicklungsrahmen sind, den du ihnen ermöglichst. Du schaffst die Randbedingungen dafür, dass sie sinnvoll konzentriert und in Ruhe ihre »PS auf die Straße bekommen«. Darauf gehe ich im weiteren Verlauf des Buches genauer ein.

Wenn sich deine Leute gerne in deiner Firma engagieren, statt wie in vielen Unternehmen schon einen Horror vor dem nächsten Montag zu haben, leistest du einen enormen Beitrag für das Glück und die Lebensqualität ihrer ganzen Familie und Freunde. Das zahlt sich gleich mehrfach für dich aus. Die Produktivität steigt massiv.

Am eigenen Beispiel ist das schnell erzählt: Wir hatten damals eine Lohnsumme von 1,5 Millionen Euro im Jahr. In unserem Hamsterrad haben wir maximal 30-50 Prozent dieses Geldes in Produktivität umgesetzt. Der Rest ist – wie in ganz vielen anderen Unternehmen – einfach verpufft. Sinnlos verpufft. Alle waren rund um die Uhr gestresst, ohne wirklich angemessen entlohnt zu werden. Es war einfach nur anstrengend und überhaupt nicht profitabel.

Die Einführung der 1-Tage-Woche hat alles verändert und ihre Auswirkungen waren deutlich spürbar. Mit zunehmender Produktivität blieb immer mehr hängen. Ausgehend von der Lohnsumme in Höhe von 1,5 Millionen Euro konnten für jede zehnprozentige Steigerung der Produktivität zusätzlich 150.000 Euro verbucht werden. Richtig spannend wurde es, als wir unsere Produktivität von 30-50 Prozent auf 60-70 Prozent gesteigert haben. Wir haben deutlich mehr Gewinn erzielt, während der Stress erheblich reduziert wurde. Allein für dieses wirtschaftliche Ziel lohnt es sich schon, die 1-Tage-Woche einzuführen. Mit zunehmendem Ertrag wächst auch der potenzielle Wert deiner Firma rapide, zumindest in der Theorie.

Lass uns einen groben Überblick über den Wert deines Unternehmens verschaffen. Hierbei verwenden wir eine vereinfachte Methode.

Als »dicker Daumen«-Wert nehmen wir den durchschnittlichen Jahresüberschuss, addieren dein Gehalt und multiplizieren die Summe mit einem Faktor von vier bis sechs. Dadurch bekommst du einen groben Schätzwert für den Wert deines Unternehmens, wenn auch nur ungefähr.

Einmal angenommen, es bleiben immer 150.000 Euro übrig und du verdienst ebenfalls 150.000 Euro. Das ergibt zusammen 300.000 Euro. Multiplizieren wir diese Summe mit vier bis sechs, könnte der Wert deiner Firma grob zwischen 1,2 und 1,8 Millionen Euro liegen. Natürlich hast du diesen Wert bereits an deine eigenen Angaben angepasst.

Diesen Wert kannst du allerdings nur erzielen, wenn du persönlich leicht ersetzbar bist. Mit der Einführung der 1-Tage-Woche bist du sofort ersetzbar. Du könntest morgen den Schlüssel übergeben, das Geld nehmen und gehen. Dein Unternehmen ist dann so aufgestellt, dass es problemlos mit einem neuen Inhaber weiterlaufen kann, ohne deine Anwesenheit. Man könnte dich von einem auf den anderen Tag ersetzen. Dann ist dein Unternehmen übertragbar bzw. verkaufbar. Solange es an dir persönlich hängt, ist es das nicht.

Unternehmer ohne 1-Tage-Woche haben nicht nur ein zeitliches, sondern auch ein großes finanzielles Problem. Sie können den Wert ihres Unternehmens nicht realisieren. Unternehmen, die im Tagesgeschäft zu 100 Prozent vom persönlichen Engagement des Chefs abhängig sind, haben keinerlei realisierbaren Marktwert. Genauer gesagt, beträgt ihr Marktwert Null Euro. Solche Unternehmen finden in der Regel keinen Käufer oder Übernehmer. Das ist aktuell bei etwa 600.000 Unternehmen in Deutschland der Fall – obwohl sie gute Erträge erwirtschaften.

Wenn du drei Jahre brauchst, um dich nach der Anfrage eines Interessenten aus deinem Unternehmertum heraus zu organisieren, könntest du mit viel Glück noch die Hälfte des eigentlichen Werts erzielen. Das mag sich hart anhören, aber so funktioniert der Markt. Nur wenn du morgen sofort gehen könntest, bekommst du den vollen Wert. Es ist so einfach wie erschreckend, doch das ist die Realität.

Vom ersten Anruf des Interessenten bis zur Schlüsselübergabe dauerte es bei mir nur sechs Wochen. In dieser Zeit haben wir die Verträge ausgearbeitet. Ansonsten musste ich nicht viel umorganisieren, da ich im Tagesalltag nicht mehr unbedingt erforderlich war.

Du merkst, die 1-Tage-Woche hat nicht nur den zeitlichen Vorteil der Freiheit, sondern sie hat auch sehr handfeste finanzielle Gründe. Zusätzlich ersparen dir ein geringer Krankenstand und minimale Fluktuation auch noch eine Menge Stress und Kosten. Du kannst diese Vorteile gerne als zusätzlichen Nutzen in deine Gesamtrechnung miteinbeziehen. Die 1-Tage-Woche bedeutet sofort weniger Stress und Kosten auf der einen Seite, und mehr Zeit und Ertrag auf der anderen Seite.

Da du nun bald genügend Zeit haben wirst, lohnt es sich, über einen weiteren Punkt nachzudenken. Mit der 1-Tage-Woche für dich wird dein Unternehmen attraktiver zum Behalten UND zum Verkaufen. Der Wert steigt.

Nutze dann deine gewonnene freie Zeit auch dazu, um einen Schritt weiter zu denken und dir zwei Fragen zu stellen:
1. Wie willst du deine neue zeitliche Freiheit nutzen? Und
2. Wie viel von einem Erlös soll letztendlich bei dir bleiben?

Wir werden dazu auch die »richtige« Rechtsform beleuchten. Belassen wir es in diesem Kapitel erst einmal bei einer groben Rechnung: Das Finanzamt erhält im Normalfall von jeder Million des Verkaufserlöses ca. 250.000 Euro. Wenn du die »richtigen« Vorbereitungen triffst, kannst du deine Steuerlast auf nur 7.500 Euro reduzieren. Dieser »kleine« und zu 100 Prozent legale Unterschied von 242.500 Euro pro Million deines Erlöses erleichtert sicher dein Leben erheblich und ermöglicht dir noch mehr zeitliche Freiheit. Es lohnt sich, die Zeit zu haben bzw. sich die Zeit zu nehmen, über solche Möglichkeiten nachdenken und sie in die Tat umzusetzen.

Fragen an dich:
- Wie viel ist deine Firma aktuell wert?
- Wie würde sich der Wert verändern, wenn du durch die 1-Tage-Woche die Produktivität um nur zehn Prozent steigern würdest?
- Wie hoch wäre der Unterschied im Verkaufsfall, wenn du statt 25 Prozent nur 0,75 Prozent Steuern zahlen müsstest?
- Wann möchtest du starten?

Du kannst am besten mit Menschen
über Weltanschauung sprechen,
die die Welt auch angeschaut haben.

– Frei nach Alexander von Humboldt –

Kapitel 3
Warum mir persönlich die zeitliche Freiheit so wichtig ist – Freiheit pur

Fünf Mark pro Stunde? Ein guter Deal! Wenn ich ohnehin schon ein bis zwei Jahre mit dem Rucksack auf Weltfahrt gehen wollte, könnte ich während dieser Zeit auch offiziell meine Lehre beim ihm absolvieren. Zur Berufsschule müsste ich nicht und für die Zwischenprüfung könnte mein Bruder einspringen oder ich könnte kurz zurückkommen. Das war der ernst gemeinte Vorschlag meines Vaters an mich. Ein Angebot, das ich definitiv nicht ablehnen konnte. Ich war 20 und gerade mit Abi und Wehrdienst fertig.

So wurde ich Großhandelskaufmann. Am 01.01.1983 begann meine Lehre. Und nur wenige Tage später, am 08.01., flog ich nach Johannisburg. Gemeinsam mit einem Freund entdeckte ich bis Ende April Südafrika, Namibia, Botswana und Simbabwe. Wenn man wirklich etwas erleben will, muss man auf eine andere Art und Weise unterwegs sein. Keine Campingplätze oder Lodges. Der Trick war ganz einfach: Wir fuhren abends weit raus, suchten nach englischen oder deutschsprachigen Farmer-Namen, fuhren auf die Farm und fragten, ob wir unser Zelt auf dem Gelände der Farm aufstellen könnten.

In den vier Monaten hatten wir kein einziges Mal ein Zelt aufbauen müssen, wir wurden immer eingeladen. Oft sogar für mehrere Tage. Wir genossen nächtliche Game-Walks, halfen beim Vieh, saßen am Lagerfeuer, gingen auf Safari und unternahmen lange Ausritte. Wenn man eingeladen wird, reichen fünf D-Mark am Tag locker aus. Eine Stunde Arbeit für einen Tag unterwegs. Das war ein fairer Tausch.

Diese Freiheit begann bereits in der Schule. Seit meinem 15. Lebensjahr war es immer das gleiche Ritual in den Ferien. Noch am Nachmittag des letzten Schultags stand ich schon mit dem Rucksack trampenderweise am Straßenrand. Einen Tag vor Ferienende war ich wieder zurück. Beim Trampen gelten eigene Regeln. Man drängt sich niemals auf. Menschen, die einen freiwillig mitnehmen, laden einen oft zum Kaffee ein, machen einen kleinen Umweg bis zur Raststätte und setzen einen nicht nachts auf unbeleuchteten Landstraßen im Regen ab. Stattdessen lässt man einen auf dem Sofa schlafen und bringt einen am nächsten Morgen zurück zur Autobahn. Es ist unglaublich.

Wir nannten es »Einladungen entwickeln« – ein gezieltes Vorgehen, um Einladungen zu erhalten. Einmal standen ein Freund und ich im strömenden Regen in Norwegen am Ortsausgang Richtung Nordkap. Unsere Schlafsäcke waren bereits nass, das Zelt ebenfalls. Im Regen hält niemand und nimmt Tramper mit. Keiner möchte sich das Auto dreckig machen. Außerdem riechen nasse Tramper auch nicht gut. Also haben wir uns gefragt, was wir Leute fragen könnten, wozu sie nicht Nein sagen könnten, um irgendwo einen trockenen Schlafplatz zu bekommen? Nach ein paar Minuten des Nachdenkens hatte ich die Lösung.

Wir fragten – so durchregnet wie wir waren – einfach beim nächsten Haus, ob wir in der trockenen Garage schlafen dürften. Schon bei dem zweiten Klingeln hatten wir einen trockenen Schlafplatz – wie erhofft im Haus selbst. Die netten Leute sagten bei der Garage gleich zu. Dann fiel ihnen ein, dass die Garage keine Toilette hatte. Also fragten sie, ob der Keller für uns auch in Ordnung sei. Sie boten uns sogar an, unsere Sachen dort zu trocknen. Irgendwie gab es dann auch noch Abendessen und Frühstück.

So kommt man durch die Welt. Als 15-Jähriger wurde ich Teil einer Gruppe des *Nerother Wandervogels*[8]. Diese Art unterwegs zu sein, frei und unabhängig zu denken, lebenslange Freundschaften einzugehen, gemeinsam die Welt zu erleben, hat mich und meinen Freiheitsdrang stark geprägt. Schon zwei Jahre später, im Alter von 17 Jahren, habe ich die Führung einer Gruppe mit acht Jungen im Alter von 13 bis 23 Jahren übernommen. Es war erstaunlich, dass Eltern einem 17-Jährigen ihre 12- bis 15-jährigen Söhne für sechswöchige Tramp- und Wanderfahrten anvertrauten. Beim Trampen waren wir immer zu zweit: ein Älterer – also 16 Jahre alt oder älter – mit einem Jüngeren. Das schien uns solide und sicher. Den Eltern auch. Es ist immer gut gegangen, über viele Jahre hinweg.

Meine erste Großfahrt mit dieser Gruppe führte ich sechs Wochen durch Griechenland. Wir bestiegen den Olymp, kletterten nachts über Zäune in Amphitheater und probierten dort die Akustik aus. Tagelang schlugen wir uns durch die Macchia auf zugewucherten Maultierpfaden im Küstengebirge Pelion. Diese Trampfahrten hatten mit dem heutigen Rucksack-Reisen in Billigfliegern und online gebuchten Unterkünften wenig gemein. Das waren noch richtige Abenteuer, ganz ohne GPS und Handys.

Wir machten einfach immer das, was uns in den Kopf kam. Geld war dabei nie der Engpass, wir kamen fast ohne aus. Trampen kostet nichts. Übernachten ebenfalls nicht. Geschlafen wurde draußen im Schlafsack oder wir wurden von netten Leuten eingeladen. Essen konnten wir für sehr wenig Geld selbst zubereiten. Fünf D-Mark am Tag sind bei acht Personen 40 D-Mark. Wir hatten so viel Geld, dass wir beim Durchqueren der schottischen Highlands sogar großzügig Marzipan ins Porridge geben konnten.

Wir hatten Karl Mays *Durchs wilde Kurdistan*[9] gelesen. Auf dem Weg nach Hakari, dem Zentrum der nomadisierenden Kurden, umgingen wir drei Militärposten vor dem Sperrgebiet und wurden dann von einer türkischen Militärpatrouille »freundlich eingeladen«, das Gebiet »am besten sofort« zu verlassen. Ich weiß gar nicht, wer damals mehr erschrocken war, als wir diesem Militärtrupp filmreif und spektakulär genau beim Erreichen eines Gebirgspasses plötzlich Auge in Auge gegenüberstanden.

Der alles begrenzende Faktor war Zeit. Wir hatten viel zu wenig Schulferien und viel zu viele Ideen. Nur drei Monate im Jahr frei. Nach dem Abitur und dem Wehrdienst waren dann erst einmal vier Monate Afrika angesagt. Den Sommer habe ich in Skandinavien verbracht. Ab Herbst 1983 ging es dann nach Südamerika. Meine längste Reise reichte von Feuerland bis Alaska. In diesen neun Monaten hatten wir zwei Mal zu Fuß die Anden überquert. Wir liefen über Pässe von fast 5000 Metern bis in den Regenwald hinunter, bestiegen den Vulkan *Villarica*, waren mit Pferden, Booten und zu Fuß unterwegs, verbrachten viele Tage mit Gauchos auf Pferden bei den Schafen in Patagonien, fuhren Fitzcarraldo-gleich auf dem Schiff in die Tiefen Paraguays und waren mit einem Missionar im Busch unterwegs. Eine wilde, freie Zeit.

Neulich sah ich mir im Kino einen Film mit dem Titel *Besser Welt als nie* an.[10] Der junge Mann – Dennis Kailing – war mit dem Fahrrad in zwei Jahren einmal um die Welt gefahren und hatte daraus einen genialen Film gemacht. Der Film hat mich sehr an meine früheren Reisen erinnert. So ungebunden und frei. Wir hätten damals auch Filme daraus machen sollen. Das wären sensationelle Filme geworden. Wenn wir mal auf einer gemeinsamen *WanderCoaching*-Tour abends am Lagerfeuer sitzen, erzähle ich dir gerne mehr aus dieser Zeit von Ulli 1.0. Die Freiheit war grenzenlos.

Bis Mitte 20 hatte ich über 50 Ländern bereist. Wer als Erster einen vollgestempelten Reisepass hatte, hatte gewonnen. Je mehr wir unterwegs waren, desto klarer wurde uns, was alles möglich ist. Mit extrem wenig Geld in völliger zeitlicher Freiheit sind wir immer nur dem eigenen Plan gefolgt. Das war absolute Freiheit. Zu 100 Prozent. Der Rest drumherum ließ sich immer irgendwie organisieren. Es ging immer weiter. Diese Erfahrungen haben mich geprägt.

Oft wundere ich mich, über welche Kleinigkeiten sich Menschen in unseren Breiten aufregen, worüber sie jammern und welche Unfreiheiten sie ertragen. In den entlegensten Teilen der Welt, bei den »einfachsten« Menschen, haben wir erlebt, wie herzliche Gastfreundschaft und großzügige Hilfsbereitschaft funktionieren. Mit großer Dankbarkeit und Demut denke ich an diese freien Jahre zurück. In dieser Zeit hatte ich 100 Prozent Freiheit.

Nach diesem kurzen Ausflug in die Welt des Ulli 1.0 wirst du leicht verstehen, warum mir Freiheit so wichtig ist. Warum für mich zeitliche Freiheit noch wichtiger ist als finanzielle Freiheit. Und wahrscheinlich verstehst du auch schon, warum die richtigen Wegbegleiter wichtiger sind als der Weg und das Ziel.

Zusammengerechnet war ich bis Mitte zwanzig schon drei Jahre auf Reisen unterwegs. Mit den Freunden von damals gehe ich auch heute noch jedes Jahr für ein bis zwei Wochen auf Tour. Wir sind alle älter und grauer geworden, aber immer noch genauso frei im Kopf. Dieser Ausflug in meine freie Jugend erklärt vielleicht, warum ich viele Dinge völlig anders sehe als andere.

Die Lehre zum Großhandelskaufmann bei meinem Vater habe ich tatsächlich abgeschlossen. Eine Hepatitis, die ich mir in Peru eingefangen habe, hat mich für die Zwischenprüfung nach Hause getrieben.

Nach vier Monaten Berufsschule habe ich dann die Abschlussprüfung erstaunlicherweise mit 1.0 mündlich sowie schriftlich bestanden. Es war völlig überraschend, dass ich trotz meines sehr mäßigen Abiturs mit der Note 3,2 mit einer IHK-Auszeichnung abschließen konnte und sogar in die IHK-Prüfungskommission berufen wurde.

Diese Erlebnisse unterwegs waren lebensprägend für mich. Damals gab es noch kein YouTube. Die »Filme« sind alle noch in meinem Kopf. Ich weiß, wie sich zeitliche und finanzielle Freiheit anfühlt, wie sie riecht und schmeckt. Und ich weiß, wie es ist, an willkürliche Grenzen zu stoßen, und das unbändige Gefühl zu haben, es trotzdem schaffen zu können.

Fragen an dich:

- Welche unendlichen Freiheiten hattest du schon in deinem Leben?
- Welche Sehnsüchte möchtest du ungerne weiter aufschieben?
- Welche zeitliche Freiheit willst du haben?
- Welche Bücher und Filme haben in dir Sehnsüchte entfacht?

Das Wichtigste im Leben ist die Zeit.
Leben heißt,
mit der Zeit richtig umgehen.

– Bruce Lee –

Kapitel 4
»Ich habe keine Zeit« ist Quatsch – Denkfehler rund um die Zeit

Wer keine Zeit hat, wird als wichtig angesehen. Das war in den letzten Jahrzehnten so. Selbstverständlich haben wirklich wichtige Menschen keine Zeit. Sie sind immer in wichtigen Besprechungen, treffen wichtige Entscheidungen und führen wichtige Arbeiten aus. Sie sind ihrer Arbeit so sehr verpflichtet, dass es ihnen natürlich an Zeit fehlt. Familie, Freunde, Hobbies, Urlaub oder persönliche Bedürfnisse stehen stets im Schatten der Arbeit.

In den Jahrhunderten zuvor war das völlig anders. Die Oberschicht hatte alle Zeit der Welt. Während die Arbeiter hart arbeiteten, konnten die Chefs hemmungslos scheffeln. Begriffe wie Urlaub, Wochenende und Arbeit waren für finanziell erfolgreiche Menschen völlig irrelevant. Sie hatten immer Zeit. »Zeit haben« war DAS Statussymbol.

Gerade weil Zeit endlich ist, konnten wohlhabende Menschen zeigen, dass sie genug Zeit zur Verfügung hatten und nicht arbeiten mussten. Sie organisierten alles so, dass sie selbst keinerlei operative Aufgaben hatten. Leider ging das immer nur zu Lasten der anderen. Diese Freiheit beruhte auf der Ausbeutung anderer Menschen.

In den letzten Jahrzehnten haben die Unternehmer begonnen, sich auch selbst auszubeuten. Während es früher »nur« die arbeitende Bevölkerung war, leiden die Chefs heute selbst ebenfalls darunter. Alle folgen dem »höher, schneller, weiter«-Dogma und merken gar nicht, dass sie sich und ihre Zeit verlieren.

Es ist an der Zeit, das Unternehmersein neu zu denken: nicht mehr zu Lasten von vielen, sondern zum Nutzen für alle. Nicht mehr »höher, schneller, weiter«, sondern »leichter, menschlicher, nachhaltiger«. Es braucht Unternehmerinnen und Unternehmer, die Zeit haben, um ihre Zukunft zum Nutzen aller aktiv zu gestalten. Wer im Tagesgeschäft versinkt, hat den Kopf nicht frei. Wer keine Zeit hat, hat weder sein Leben noch sein Unternehmen im Griff. Er opfert seine Lebensqualität für meist – nur kurzfristige – geschäftliche finanzielle Ziele. Langfristige Lebensziele fallen dem »keine Zeit haben«-Denkfehler zum Opfer. Wenn du keine Zeit hast, kannst du keine zukunftsfähige Firma führen. Dann kannst du auch Krisen nicht angemessen lösen, denn du hast ja keine Zeit. Es lohnt sich, die Denkmuster in Bezug auf deine Zeit und deinen eigenen Zeiteinsatz neu zu denken.

Jeder Mensch verfügt über die gleiche Menge an Zeit – 24 Stunden pro Tag. Wirklich erfolgreiche Unternehmer haben Zeit. Sie treffen täglich die Entscheidung, ihre Zeit gezielt einzusetzen, um den Nutzen für alle zu maximieren.

Es ist völlig egal, wie viel DU selbst arbeitest.

Lass uns gemeinsam einige Gedanken zur Zeit anstellen, Denkfallen aufspüren und alternative Denkmuster aufdecken, die sowohl dir als auch deinem Umfeld dienlich sein können.

- **Denkfehler: Andere Menschen unterschätzen – sich selbst überschätzen.**
  Es ist andersherum. Unternehmer neigen oft dazu zu glauben, sie seien der Motor des Unternehmens. Sie engagieren sich rund um die Uhr, um das Unternehmen voranzutreiben. Sie sind überzeugt, dass sie in den meisten Bereichen ihren Mitarbeitenden überlegen sind.

  Neuer Denkansatz: Konzentriere dich auf deine tatsächlichen Stärken und widme dich ausschließlich den Aufgaben, die diese Stärken optimal zur Geltung bringen. Übertrage alle(!) anderen Aufgaben an diejenigen, die in diesen Bereichen ihre wahren Stärken haben. Konsequent.

- **Denkfehler: Kontrolle nützt. Gras wächst auch nicht schneller, wenn du permanent daran ziehst.**
  Es ist eine echte Unart, Menschen zu unterstellen, dass sie nur dann schnell und gut arbeiten, wenn sie kontrolliert werden. In operativer Hektik fragen wir ständig nach dem Fortschritt der ein-

zelnen Aufgaben und erzeugen dadurch eine Atmosphäre des Misstrauens. Das führt zu Stress und permanenten Störungen bei der Arbeit unserer Mitarbeitenden. Wir verteilen permanent neue Aufgaben, noch bevor die alten abgeschlossen sind. So entstehen andauernde Unzufriedenheit, Frust und Demotivation, da die Menschen nicht zur Ruhe kommen und nichts wirklich vollständig erledigt bekommen. In ihrem Buch *Endlich konzentriert arbeiten!* zeigt Vera Starker mit ihren Studien sehr deutlich auf, dass uns diese permanenten Störungen fünf volle Arbeitstage pro Mitarbeitenden pro Monat kosten.[11]

Neuer Denkansatz: Lass deine Mitarbeitenden in Ruhe arbeiten. Schaffe die notwendigen Entscheidungskompetenzen, Handlungsspielräume und Strukturen dafür, dass deine Leute in Ruhe und mit Stolz ihre Tagwerke konzentriert und fokussiert zum Abschluss bringen können. Das ist für alle viel besser. Gras wächst auch nicht schneller, wenn du permanent daran ziehst. In meinem *WegeBedarf*-Podcast *UnternehmerSein. Neu denken* Folge 96[12] findest du ein Interview mit Vera Starker, in dem du weitere tiefere Einblicke zu dem Thema erhältst.

- **Denkfehler: Die »Wenn, dann…«-Falle – Zeit ist immer nur jetzt**
In der Hoffnung, dass sich in der Zukunft alles verbessert, verschieben wir permanent unsere Lebensziele. Was genau erhoffen wir uns von dieser »Verbesserung«? Gestern liegt bereits hinter uns. Morgen ist ungewiss. Das Leben ist immer nur jetzt. In der guten Hoffnung, dass sich unsere Bemühungen lohnen, treiben wir das Hamsterrad immer schneller an und verpassen dabei das jetzt. Ehe wir es bemerken, sind Tage, Wochen, Monate, Jahre, Jahrzehnte unseres Lebens vorbei und das eigentliche Leben zu erleben, haben wir verpasst. Was bleibt, sind lediglich Erinnerungen oder Fiktion. Diese Erkenntnis teile ich mit dir aus meiner eigenen Erfahrung. Leider.

Neuer Denkansatz: Konzentriere dich auf das, was du jetzt erleben kannst. Fokussiere dich auf die Lebensziele, die du jetzt schon realisieren kannst – ohne auf die »Wenn, dann«-Falle hereinzufallen.

- **Denkfehler: Den Safe besitzen müssen. Der Safe-Schlüssel reicht**

  Dieser kostspielige Denkfehler macht das Unternehmerleben besonders anstrengend. Wir glauben, wir müssten unser Geld als Unternehmer verdienen und anschließend privat ansparen. Auf dem Weg von der geschäftlichen in die private Welt gehen dummerweise 30-50 Prozent unseres Einkommens verloren. Wir arbeiten vier bis sechs Monate im Jahr hart für andere. Gleichzeitig ermöglicht genau das gleiche Steuersystem auch völlig andere Möglichkeiten. Dabei fließen »nur« zehn bis 20 Prozent an den Fiskus ab. 15 bis 30 Prozent bleiben mehr bei dir in der Tasche. Völlig legal. Oder du hast einfach entsprechend mehr Zeit, wenn du nur bis Februar und nicht bis Ende Juni für den Fiskus arbeiten musst.

  Der Grundsatz »Was du beim Einkauf einsparst, musst du im Verkauf gar nicht erst verdienen« gilt auch für Steuern – zu 100 Prozent. Wer seinen Leistungszwang um die unnötig zu viel gezahlten Steuern massiv reduziert, gewinnt sofort entweder viel mehr Zeit und behält das gleiche Geld oder verdient bei gleichen Aufwand deutlich mehr Geld.

  Neuer Denkansatz: In den Folgen »Willkommen im Steuerparadies Deutschland« (Folge 74 + 75) meines *WegeBedarf*-Podcasts *UnternehmerSein. Neu denken*[13] verrate ich dir meine eigenen Gestaltungen. Du hörst dort an meinem eigenen Beispiel, wie auch du deine Einkünfte und Vermögen so gestalten könntest, dass du deine Steuerlast reduzierst und gleichzeitig dein Vermögen schützt. Durch geschickte Kombination verschiedener Rechtsformen, insbesondere Familienstiftungen und Familiengenossenschaften in Kombination mit deiner aktuellen Rechtsform, kannst du dir jede Menge Stress, Nerven und vor allem Zeit sparen.

- **Denkfehler: Der Tag hat nur 24 Stunden – er hat wesentlich mehr**

  Es stimmt, ein einzelner Tag besteht aus 24 Stunden. 24 Stunden, die uns persönlich zur Verfügung stehen. Doch verblüffender Weise hören die meisten Unternehmer hier auf zu rechnen. Sie vergessen die Stunden ihrer Mitarbeitenden. Wie viele Menschen beschäftigst Du? Nehmen wir einfach einmal an, jeder Mitarbeiter arbeitet acht Stunden täglich. Dein Tag hat also bei zehn Mitarbeitenden 104 Stunden: Die 80 Stunden, die dir deine Leute zur Verfügung stellen, zuzüglich deiner eigenen 24 Stunden. Dir stehen also 104 Stunden pro Tag zur Verfügung. Bei 20 Mitarbeitenden sind es 184 Stunden. Mit 50 Mitarbeitenden stehen dir sogar 424 Arbeitsstunden pro Tag zur Verfügung. Jeden Tag.

Neuer Denkansatz: Es ist wirklich völlig irrelevant, wie viel *DU* persönlich arbeitest. Es ist nur relevant, dass *DU* die Randbedingungen für deine Leute so gestaltest, dass ihre Zeit nicht nur zu 30-50 Prozent, sondern zu 60-70 Prozent wirksam wird.

- **Denkfehler: Work-Life-Balance – Zeit ist nicht trennbar**
Es ist richtig, dass Work-Life Balance als Konzept oft kritisiert wird. Es macht wenig Sinn, das Leben strikt von der Arbeit zu trennen, schließlich verbringen wir einen Großteil unserer Lebenszeit im Beruf. Wie entwürdigend ist der Gedanke, dass Arbeiten kein Teil des Lebens ist. Wenn deine Mitarbeiter die Arbeit bei dir so erleben, dass sie diese 8-Stunden als reine Arbeitszeit betrachten, um mit dem verdienten Geld dann woanders ihr Leben zu leben, hast du ein sehr fundamentales Problem: In diesem Fall hast du das Hamsterrad als Institution in deiner Unternehmenskultur verankert und in den Köpfen der Mitarbeiter festzementiert.

Neuer Denkansatz: Schaffe einfach die Begriffe »Arbeit« und »Freizeit« ab. Denke einfach nur in Tätigkeiten, ohne zu werten, ob es sich um Arbeit oder keine Arbeit handelt. Unterteile deine Zeit auf andere Weise. Wie wäre es mit folgender Unterscheidung:

1. Es gibt Zeit, für die du entlohnt wirst – deine Unternehmer-Tätigkeiten.
2. Es gibt Zeit, die dich etwas kostet – deine Hobbys.
3. Und es gibt kostenneutrale Zeit, die du einfach so verbringst.

Idealerweise verbringst du deine Zeit mit Dingen, die *dich* erfüllen und dich auf dem Weg zu *deinen* Lebenszielen weiterbringen. Übertrage diesen Gedanken auch auf deine Mitarbeitenden. Befreie sie von der Denkweise des Hamsterrads und der Trennung zwischen Arbeitszeit und Lebenszeit. Die Zeit vergeht immer.

Manche halten einen ausgefüllten Terminkalender
für ein ausgefülltes Leben.

– Gerhard Uhlenbruck –

Kapitel 5
Du kannst heute aufhören zu arbeiten – Zeitliche Freiheit sofort

Hier kommt eine großartige Nachricht für dich: Du *musst* nie wieder arbeiten. Deshalb hast du zwei Möglichkeiten. Du könntest – wenn du möchtest – tatsächlich sofort aufhören. Oder du kannst freiwillig weiter arbeiten und immer dabei wissen, dass du nie wieder wirklich arbeiten müsstest.

Welcher der beiden vorherigen Aussagen spricht dich mehr an? Die meisten Unternehmer wählen die zweite Option. Es ist cool, freiwillig das tun, was man möchte und im Idealfall jederzeit damit aufhören zu können. Die Beweislage ist einfach zu erbringen. Lass es uns gemeinsam durchrechnen. Wieso brauchst du definitiv nie mehr zu arbeiten? Wie viel wahrscheinliche Lebenszeit hast du noch vor dir? Im Alter von 35 sind es noch ungefähr 50 Jahre. Multipliziere diese Zahl mit 1.000 Euro. Jetzt stellt sich die ernsthafte Frage: Hast du ein Nettovermögen in Höhe von 50.000 Euro? Ja? – Dann *musst* du tatsächlich nie mehr arbeiten. Du hast es bereits geschafft. Du bist zeitlich und finanziell völlig frei. Du kannst den Rest deines Lebens verbringen, ohne jemals wieder arbeiten zu müssen. Wie das geht? Ziehe nach Indien an den Strand, nimm jedes Jahr 1.000 Euro und tausche sie in 200.000 indische Rupien, miete dir ein Haus, kaufe dir ein Fahrrad und engagiere dir eine indische Haushälterin. Lebe einfach völlig sorgenfrei am Strand. Du bist zu 100 Prozent frei. Fertig.

Ich war bereits einige Mal in Indien. Dieses Leben ist dort einfach möglich. Gehe in den Bundesstaat Goa. Durch den Einfluss der ehemaligen portugiesischen Eroberer ist es in Goa sehr europäisch. Die Hippieszene hat sich dort über viele Jahre sehr wohl gefühlt. In Indien könntest du mit diesen 1.000 Euro im Jahr bequem leben.

Auf den Philippinen brauchst du 2.500 Euro, in Thailand sind es 5.000 Euro und in der Dominkanischen Republik könntest du mit 10.000 Euro pro Jahr gut zurecht kommen.

Du hast sicher bereits grob dein Vermögen umgerechnet und weißt jetzt, dass du jederzeit »arbeitsfrei« sein könntest. Mit dieser überschaubaren Geldmenge könntest du JEDERZEIT woanders leben – wenn du es wirklich möchtest. Diese zeitliche Freiheit hast du nun in deinem Kopf. DU bist FREI! Wenn du willst.

Wenn du trotzdem hierbleibst, bleibst du freiwillig. Du hast diese Entscheidung bewusst getroffen. Es liegt in deiner eigenen Freiheit. Genieße diesen Entschluss und die Erkenntnis, dass du schon jetzt völlig frei bist, wenn du es wirklich möchtest. Es ist eine reine Kopfsache. Den Rest kannst du regeln, wenn du es willst.

Natürlich wird dir das Leben am Strand spätestens nach zwei Wochen langweilig. Umso besser ist es, wenn du freiwillig hierbleibst oder dein Business so umgestaltest, dass du das, was dir Erfüllung bringt, dauerhaft von überall auf der Welt tun kannst. Zeitlich frei bist du, wenn du jederzeit die Wahl hast, mit was, wozu, wie, wo und mit wem du Zeit verbringen magst.

Kapitel 6
Weg von oder hin zu – eine Einladung an Unternehmer

Nimm dir ein paar Minuten Zeit, setze dich an einen ruhigen Ort, besorge dir etwas Leckeres zu trinken und nimm dir etwas zum Schreiben mit. Antworte spontan und ohne langes Nachdenken auf die folgenden drei Fragen zu deiner unternehmerischen, persönlichen und zeitlichen Freiheit:

- WOVON magst du dich befreien? Nenne drei Beispiele.
- WOFÜR möchtest du mehr Zeit haben? Nenne drei Beispiele.
- WIE integrierst du diese sechs Ziele jetzt in deinem Alltag?

Wenn du bereits in diesen wenigen Minuten mehr Klarheit gewonnen hast, stell dir vor, was du dann erreichen kannst, wenn du dich auf dieses Buch einlässt. Falls du keine Antworten gefunden hast, stelle dir selbstkritisch die Frage, warum du dann jetzt so viel Energie in die Firma investierst. Was treibt dich an? Was zwingt dich dazu? Von was solltest du dich loslösen?

Abschnitt 2: Mein Weg vom Hamsterrad zur 1-Tage-Woche

Das Leben wird nach vorne gelebt und rückwärts verstanden. Oft wird erst mit etwas zeitlichem Abstand klar, was wirklich wichtig ist. Insbesondere dann, wenn ähnliche Situationen immer wieder auftreten. Wenn ich dir hier meine Geschichte erzähle, geht es nicht um mich, sondern um die allgemeinen Prinzipien, die dahinterstehen.

Erfahrungen sind im Allgemeinen nicht übertragbar. Jeder muss sie für sich selbst machen und daraus lernen. Erfahrungen anderer können sehr hilfreiche Wegweiser sein, um Abkürzungen zu finden. Sie geben Anregungen und stiften Ideen für deinen eigenen Weg. So kannst du schneller die richtigen Schlüsse ziehen und deine eigenen Erfahrungen machen.

Kapitel 7
Mein eigener Weg ins Hamsterrad – Die Zwergenzucht

Kurz nach Mitternacht. Ich sollte langsam mal Feierabend machen und ins Bett gehen. Ich war schon seit kurz nach sieben Uhr morgens in der Firma. Als 27-Jähriger saß ich in meinem Büro und fragte mich, was genau hier eigentlich schief lief. Meine Aufgabenliste war jeden Abend noch länger als am Morgen. Jeden Tag schien sie mehr zu wachsen und ich kam einfach zu nichts. Gefühlt alle zwei Sekunden stand jemand auf der Matte und wollte etwas von mir. Natürlich habe ich immer weitergeholfen. Ich wollte ja, dass ihre Probleme gelöst werden. Je mehr ich für die Fragen meiner Leute da war, desto weniger kam ich selbst mit meinen eigenen Aufgaben weiter. Während meine Leute pünktlich heimgingen, hatte ich mehr Überstunden als andere reguläre Arbeitszeit. Etwas lief hier gehörig falsch. So hatte ich mir das Unternehmersein nicht vorgestellt. Frustriert fuhr ich nach Hause.

Über Nacht dämmerte es mir. Ich litt an den Folgen der Zwergen-Zucht meines Vaters. Alle Entscheidungen liefen bisher immer über meinen Vater. Das war schon immer so. Jede einzelne Entscheidung. Kein Wunder, dass er abends immer so lange in der Firma war. Tagsüber traf er die Entscheidungen für unsere Mannschaft, abends erledigte er seine eigenen Aufgaben. Es wäre definitiv als ein Zeichen von Illoyalität angesehen worden, wenn jemand eine Entscheidung ohne die Zustimmung meines Vaters getroffen hätte. Der Chef sollte alles wissen. Auch die kleinste Entscheidung musste über den Chef laufen.

Genau das erwarteten unsere Mitarbeitenden jetzt auch von mir. Alle paar Sekunden wollte deshalb jemand etwas von mir. Und natürlich bekam jeder eine Antwort. Das waren sie so gewohnt. Genau deshalb kam ich gefühlt zu nichts. Meine eigentliche Arbeit blieb einfach liegen. Ich erledigte die Arbeit für andere. So hatte ich mir das nicht vorgestellt. Aus meiner erhofften unternehmerischen Freiheit war ein extrem zeitraubendes, anstrengendes Hamsterrad geworden. Ulli 2.0 war der Großhändler im Hamsterrad. Die gelebte und geliebte Freiheit weltweit war vorbei.. Ich war morgens der Erste, der kam, und abends der Letzte, der ging. Meine normalen Arbeitstage dauerten 12-16 Stunden. Wieso hatte ich diese Falle nicht schon früher bemerkt? Ich war in die typische Falle getappt, dass die meisten Karriereleitern in Wahrheit nur getarnte Hamsterräder sind. Als Junior-Chef hatte ich mutig viele Aufgaben übernommen, um mich zu beweisen – oder besser gesagt, um anderen zu beweisen, was ich konnte. Ich hatte unser erstes CRM-System eingeführt. Eine wunderbare Aufgabe. Schnell war ich der Einzige, der sich wirklich gut damit auskannte. Eine Zeit lang fühlte es sich gut an, der »wichtigste« Mensch im Unternehmen zu sein. Der junge Held, ohne den hier nichts mehr laufen würde. Nebenbei habe ich mich schon vor Jahren auf unser Marketing gestürzt und auch noch ein Außendienstgebiet übernommen.

Nun saß ich hier als frischgebackener Geschäftsführer, mit meinen 27 Jahren, seit fünf Jahren in der Firma und fragte mich, warum ausgerechnet *ich* eigentlich die meisten Überstunden machte. Warum konnten alle unsere 15 Mitarbeiter pünktlich gehen? Was machten die eigentlich den ganzen Tag? Ich schaute genauer hin: Alle waren den ganzen Tag in Hektik. Sie rannten hin und her und waren völlig gestresst.

Ich beobachtete das einige Tage und kam zu dem Schluss, dass wir zwei Fehler gemacht hatten. Wir hatten eine Zwergenzucht und eine Angstkultur etabliert. Unsere Mitarbeiter trauten sich nicht, selbstständig Entscheidungen zu treffen, weil sie Angst hatten, Fehler zu machen. Mein Vater hatte Fehler noch nie toleriert. Genau das machten sie jetzt: Sie versuchten krampfhaft, Fehler zu vermeiden. Deshalb bekamen sie kaum etwas richtig hin – und gaben dann den anderen die Schuld. Niemand wollte schuld sein. Die Stimmung war schon länger ziemlich angespannt. Ich stellte mir die spannende Frage: Wie mache ich aus meinen Zwergen wieder Riesen?

Im normalen Leben schafften unsere Mitarbeitenden alles. Häuser bauen, Kinder bekommen, Urlaube weltweit … Also warum nutzten sie hier nicht ihr volles Potenzial? Die Antwort war einfach und erschreckend zugleich: Weil wir sie nie gelassen hatten.

Ich musste die Leute einfach selbst souverän Entscheidungen treffen lassen und ihnen dazu die 100-prozentige Rückendeckung geben.

Je mehr sie selbst entscheiden könnten, desto weniger oft müssten sie nachfragen. Das würde allen viel Zeit und Hektik ersparen. Je öfter das gut geht, desto größer würden sie werden. Das war der Plan. Also begann ich, keine direkten Antworten auf ihre Fragen mehr zu geben, sondern sie einfach zu fragen, wie sie das selbst lösen würden, wenn sie könnten. Das stellte sich als ziemlich schwierige Übung heraus. Den Willen, selbst entscheiden zu wollen, hatte ich deutlich überschätzt. Alle waren völlig überfordert. Mehr dazu später.

Fragen an dich:

- Wie viel Entscheidungen treffen deine Mitarbeiter selbst? Ab wann kommen sie zu dir, um nachzufragen?
- Wo glaubst du, dass du der wichtigste Mensch im Unternehmen sein musst? Wo würde ohne dich genau nichts laufen?

Kapitel 8
Aus Zwergen Riesen machen – Der Nervenkrieg

»Jetzt bin ich auch noch schuld – mir reicht´s jetzt.« Die Tür flog knallend zu. Das war ja gründlich schief gegangen. Mit hochrotem Kopf stürzte Hartmut aus meinem Büro Richtung Feierabend und raste mit durchdrehenden Reifen vom Hof.

Hartmut war eine treue Seele. Er hätte alles für meinen Vater getan. Wenn mein Vater gesagt hätte: »Spring ins Wasser«, wäre er ohne zu zögern gesprungen. Jetzt musste er sich mit mir abmühen. Da saß sein neuer Chef – so ein junger Schnösel, der alles besser zu wissen schien und ihm auch noch dumme Fragen stellte ... Er meinte natürlich mich.

Was war passiert? Hartmut kam meistens abends nach seinen Außendiensttouren nochmal kurz in die Firma, um seine Aufträge abzugeben und aufgetauchte Probleme zu klären. Heute hatte er wieder viele Probleme dabei und wollte von mir die Lösungen dazu. Der eine Kunde wollte mehr Rabatt, sonst würde er woanders kaufen. Der nächste beschwerte sich über eine abgelehnte Reklamation. Der dritte überlegte, woanders einzukaufen, bei der Menge Idioten bei uns im Laden würde ja neuerdings überhaupt nichts mehr funktionieren ... Irgendwann fragte ich ihn, vollkommen ruhig, so wie ich mir das vorgenommen hatte, was *er* denn nun tun bzw. wie *er* denn diese Probleme lösen wolle. Stille. Verblüffung. Fragenzeichen über seinem Kopf.

»Warum ich?«, fragte er.

»Weil du der Außendienstmitarbeiter bist, es sind deine Kunden.«

Die Gesichtsfarbe wechselt zu rot. Falscher Knopf.

»Jetzt soll *ich* auch noch schuld sein? Diese ganzen Idioten hier bekommen doch nichts gebacken! Die brauchen mal eine klare Ansage. Das ist wirklich der letzte Laden ...«

Die Tür knallte zu. Schönen Feierabend übrigens. Mist. Das war ja gründlich schiefgegangen.

Es war nicht immer so schlimm. Manchmal gelang es auch besser. Die jüngeren Mitarbeiter, immer noch zehn Jahre älter als ich, fingen vorsichtig an, sich darauf einzulassen. Sie verstanden, dass sie mit jeder Frage zu mir kommen konnten und am besten schon ein bis zwei Lösungsideen dabei hatten. Idealerweise hatten sie auch schon eine konkrete Idee, warum die eine Lösung besser war als die andere.

Die Firma war dabei, sich zu spalten. Die einen zogen mit, die anderen verweigerten sich völlig. Die einen dachten: »Früher war alles besser, den Senior konnte man alles fragen. Der Junior ist so anstrengend.« Die anderen dachten: »Endlich geht es voran. Der alte Muff muss ja mal weg.«

Es war einfach nur nervig. Alleine konnten wir das nicht lösen. Also begann ich, Seminare zu besuchen. Zusätzlich zu den langen Arbeitstagen gingen jetzt auch noch viele Tage für Seminare drauf. Meine damalige Freundin (und spätere Frau) wohnte 200 Kilometer weg, war ebenfalls selbständig und kam nur an den Wochenenden. Das eine oder andere Wochenende wurde jetzt auch noch kürzer, weil ich noch ein Seminar besuchen »musste«. Die Wochen waren stressig, die Wochenenden zu kurz. Es war nur noch anstrengend.

Muss Unternehmertum wirklich so anstrengend sein? Auf was habe ich mich da eingelassen? Das machte überhaupt keinen Spaß. Es musste auch einen anderen Weg geben. Ich war wild entschlossen, es anders hinzubekommen. Das musste möglich sein.

Fragen an dich:

- Wie leicht ist dein Unternehmersein?
- Wie viel Freude bereitet dir dein Unternehmertum auf einer Skala von 0-100?

Kapitel 9
Ihre Strategie ist falsch - Vollgas mit angezogener Handbremse

Samstagmorgen. Heute arbeitete ich mal nicht. Dieser Samstag gehörte nur mir. Während ich meinen Kaffee trank, blätterte ich durch die *FAZ* und stieß auf eine Anzeige, die mich ansprang: »Ihre Strategie ist falsch.« Woher kannten die uns? Alles, was dort stand, traf auch auf uns zu. Der Stress nahm zu, die Erträge gingen zurück. Konnte das sein? Wenn das wirklich funktionieren würde, würden das doch alle machen … Taugte das was?

Die »EKS-Strategie nach Wolfgang Mewes«[14] schien Unternehmer zu verstehen und Lösungen zu bieten, die anders waren, als einfach nur mehr zu arbeiten. Namen wie *Würth*, *Kärcher* und *Obi* weckten meine Aufmerksamkeit. Sie alle hatten ähnliche Produkte wie wir, und machten dabei offensichtlich etwas anders.

Direkt am nächsten Montag bestellte ich den Kurs und stürzte mich sofort hinein. Einer der Gründe für unseren Dauerstress war schnell erkannt: Wir hatten keine klare Strategie. Wir versuchten immer, es allen recht zu machen. Zielgruppen und Produkte wuchsen planlos vor sich hin. Vom Endverbraucher bis zur Industrie wurden alle gleich bedient, aber niemand richtig. In keinem Segment hatten wir ein Alleinstellungsmerkmal. Wir waren zu 100 Prozent vergleichbar. Jeder bei uns sollte alles können und jedem gerecht werden. Das funktionierte nicht.

Von Kapitel zu Kapitel wurde mir klarer, was ich ändern musste. Ich hatte natürlich sofort mit der Umsetzung angefangen – zum Leidwesen meiner Leute und meines Vaters. Mittlerweile war ich als Seminar-Junkie bekannt. Meine Leute hatten montags schon Angst davor, was im Laufe der Woche wieder Neues kommen würde, weil der Junior (ich hasste diese Bezeichnung) mal wieder an einem Seminar teilgenommen hatte.

Je tiefer ich in die vier Prinzipien und sieben Phasen der EKS-Strategie eintauchte, desto deutlicher wurde mir, dass wir ziemlich genau alle (!) die Fehler machten, die dort beschrieben waren:

- Statt den Fokus auf den Kundennutzen zu richten, konzentrierten wir uns auf Produkte, Kosten und Erträge.
- Statt uns zu spezialisieren, gingen wir breit in den Markt – Wir verkauften alles an jeden.
- Statt den wirksamsten Punkt zu finden – wie David bei Goliath – hatten wir keine Ahnung, wo bei unseren Kunden eigentlich »der Kittel wirklich brannte«.
- Statt kontinuierlich unsere Engpassfaktoren zu optimieren – EKS steht für Engpass Konzentrierte Strategie –, hatten wir uns noch nie die Frage gestellt, was denn genau die Engpassfaktoren für unseren Erfolg wären?

Am einfachsten ist die EKS-Strategie damit zu erklären, dass die Natur nach Engpassfaktoren funktioniert. Justus von Liebig erfand auf diese Weise den Kunstdünger: Pflanzen wachsen immer bis zum Erreichen eines Engpassfaktors. Wenn sie zu trocken sind, braucht man sie nicht zu düngen, zurückzuschneiden oder mehr Licht geben. Sie brauchen einfach Wasser. Dann wachsen sie bis zum nächsten Engpassfaktor und stoppen mit ihrem Wachstum erst bei dessen Erreichen wieder. Jetzt brauchen sie vielleicht Dünger. Nach der nächsten Entwicklungsphase brauchen sie etwas anderes. Landwirte erkennen das automatisch. An welchem Punkt werden sie wirksam? Es geht nicht darum, den Fehler zu finden, sondern den aktuell wirksamsten Hebel für das weitere Wachstum. Was für Landwirte und ihre Pflanzen gilt, lässt sich 1:1 auf Unternehmen übertragen.

Diese sogenannten EKS-*Engpass*faktoren nenne ich lieber *Erfolgs*faktoren. Die EKS-Strategie stellte meine Welt auf den Kopf. Sie unterschied sich völlig von allen Management-Strategien, die ich bisher kennengelernt hatte. Das wollte ich beherrschen. Mein Tag wurde noch voller, weil ich mich jetzt auch noch intensiv mit der EKS-Strategie beschäftigte. Ich verschlang den Kurs förmlich. Um es dir leichter zu machen, habe ich die EKS® hier kurz zusammengefasst. Es gibt vier Grundprinzipien und sieben Entwicklungsphasen in der Strategieumsetzung.

Die vier Grundprinzipien sind:

1. **Konzentration statt Verzettelung**
   Es ist besser, spitz spezialisiert statt breit verzettelt in den Markt zu gehen. Lieber in der Nische der Beste sein, als vergleichbar im Massenmarkt unterzugehen.

2. **Suche nach dem wirksamsten Punkt**
   Das David-und-Goliath-Prinzip: Es lohnt sich, den Punkt zu finden, an dem der Energieeinsatz beim anderen am wirksamsten ist.

3. **Immaterielle vor materiellen Werten:**
   Geistige Ressourcen sind wertvoller als Kapitalbesitz: Beziehungen, Know-how und Zielgruppenbesitz stehen über materiellen Ressourcen.

4. **Nutzen- statt Gewinnmaximierung:**
   Systematisch den Nutzen erhöhen, dann wird der Gewinn automatisch folgen.

Keines dieser vier Prinzipien hatten wir damals angewendet. Im Gegenteil, wir arbeiteten einfach immer nur mehr und hofften, dass es dann schon funktionieren würde – ähnlich wie viele andere Unternehmen es auch tun. Unternehmersein ist ein anstrengendes Unterfangen, so dachten wir zumindest. Mittlerweile wissen wir es besser. Es geht deutlich leichter und ist weniger zeitintensiv als gedacht.

Für die systematische Strategie-Umsetzung folgst du einfach konsequent Schritt für Schritt den folgenden sieben Stufen. EKS steht auch für »Einfach Konsequent Sein«. Auch diese sieben Stufen hatten wir vorher weder gekannt noch beachtet.

- **EKS-Stufe 1: Deine Stärken**
  Was kannst du eigentlich besser als andere? Was zeichnet dich aus? Welche besonderen Eigenschaften, spezielle Fähigkeiten und außergewöhnlichen Erfahrungen hast du?

- **EKS-Stufe 2: Dein erfolgversprechendstes Geschäftsfeld**
  Welches Geschäftsfeld wäre, basierend auf deinen speziellen Stärken, am erfolgversprechendsten für dich?

- **EKS-Stufe 3: Deine vielversprechendste Zielgruppe**
  Wer könnte deine speziellen Stärken am besten brauchen? Welche Zielgruppe hätte den größten Nutzen aus deinen Stärken in diesem Geschäftsmodell?

- **EKS-Stufe 4: Das brennendste Problem der Zielgruppe**
  Was ist der größte Engpass oder das größte Problem dieser Zielgruppe? Wo liegt deren größter Schmerzpunkt deiner erfolgversprechendsten Zielgruppe, bei dem deine Stärken am wirksamsten wären?

- **EKS-Stufe 5: Deine Innovationsstrategie**
  Wie kannst du mit deinen Stärken in dieser Zielgruppe deren dringendstes Problem besser lösen als alle anderen? Was machst du besser oder anders als die bisherigen Lösungen?

- **EKS-Stufe 6: Deine Kooperationsstrategie**
  Wer hat die gleiche Zielgruppe und bietet ihnen einen Nutzen, der gemeinsam mit deinen Stärken für alle synergetisch einen noch höheren Nutzen schafft, als ihn jeder allein bieten könnte. Mit wem zusammen kannst du den Nutzen für die Zielgruppe noch weiter steigern?

- **EKS-Stufe 7: Konstantes soziales Grundbedürfnis**
  Was ist eigentlich der tiefere Bedarf hinter den aktuellen Produkten? Welches soziale Grundbedürfnis besteht weiterhin, selbst wenn das Produkt nicht mehr existiert? (Mobilität wird es immer geben, ob mit Pferden, Autos, Drohnen, Beamen)

Du kannst bereits an den Fragestellungen erkennen, dass die EKS® das Potential hat, Unternehmen fundamental zu verändern. Bisher hatten wir lediglich eine Ansammlung von Autoersatzteilen, die wir an jeden verkaufen wollten. Wir hatten weder Klarheit, was unsere Stärken waren, noch haben wir uns Gedanken über unser Geschäftsmodell oder unsere Zielgruppen und deren Probleme gemacht. Wir haben uns einfach im Dauerstress befunden, während unsere Margen sanken. Vor lauter Hamsterrad haben wir nicht realisiert, dass dies aufgrund unserer mangelnden Strategie – man könnte es auch Ziellosigkeit nennen – der Hauptgrund für unseren Stillstand war. Die Aussage »Wir müssen halt Geld verdienen« fasst unsere Planlosigkeit gut zusammen. Vielleicht kennst du diese Aussage auch von deinem und anderen Unternehmen. Nun stand ich vor der gewaltigen Aufgabe, all dies in den Köpfen meiner Mitarbeitenden zu verändern.

Fragen an dich:

- Wie klar sind dir diese Strategiestufen für dein Business?
- Inwieweit verbrennst du ebenfalls Geld, Nerven und Zeit im täglichen, strategiefreien Kampf um Kunden?
- Wo verschwendest du Lebenszeit, weil du deine speziellen Stärken nicht ausspielst, vergleichbar bleibst und dich deinen Schwächen herumschlägst?

Wir haben nie die Zeit,
etwas gleich richtig zu machen,
aber immer die Zeit,
es noch einmal neu zu machen.

– Ulrich Zimmermann –

Kapitel 10
Licht an, Licht aus – Verwirrte Leute stellen die Arbeit ein

07:30 Uhr: Ich fuhr auf den Hof. Alles war dunkel. Eigentlich sollte das Geschäft bereits geöffnet sein. »Leute, macht mal das Licht an. Man sieht ja gar nicht, dass wir geöffnet haben.« »Ist gut, Chef.« Licht an.

07:35 Uhr: Mein Vater fuhr auf den Hof. »Oh, Leute. Schlossbeleuchtung. Muss das denn sein? Macht mal das Licht aus. Wir müssen Strom sparen.« »Ist gut, Chef.« Licht aus.

07:40 Uhr: Auf dem Weg zu einem Kundentermin kam ich erneut durch den Laden. Das Licht war aus. »Hatten wir nicht eben über ›Licht an‹ gesprochen?« »Ist gut, Chef.« Die Beleuchtung wurde wieder eingeschaltet.

07:45 Uhr: Auf dem Weg zur Bank kam mein Vater ebenfalls durch den Laden. Das Licht war an. »Hatten wir nicht eben über ›Licht aus‹ gesprochen?« »Ist gut, Chef.« Und das Licht wurde erneut ausgeschaltet.

07:46 Uhr: Sechs Verkäufer standen mit verschränkten Armen im dunklen Laden. Für heute hatten sie innerlich die Arbeit eingestellt. »Man kann hier ja nichts richtig machen. Alles, was man macht, ist eh verkehrt.« Die Körperhaltung allein verriet schon den Inhalt ihrer aufsteigenden Gedankenblasen. Der normale Wahnsinn. Jeden Tag. Ein alltägliches Problem. Wer bestimmte hier eigentlich die Richtung? Wohin führte die Reise eigentlich? Wie sicher war die Zukunft eines solchen Ladens?

Im Laufe dieses Jahres verloren wir zwölf der fünfzehn Mitarbeitenden. Einige kündigten von sich aus, andere wurden von uns entlassen. Am 1. Juli hatten wir keine Verkäufer mehr und mussten wieder selbst im Laden stehen, während wir uns um sechs Telefonleitungen und den Kundenverkehr in zwei Betrieben kümmern mussten.

Konnte sich das Hamsterrad eigentlich noch schneller drehen? Ja, das ging. Neben dem Tagesgeschäft mussten wir nun kontinuierlich die

Aufgaben neu organisieren und – ganz nebenbei – auch noch neue Leute suchen, was auch nicht einfach war. Die neuen Mitarbeiter mussten auch ordentlich eingearbeitet werden. Doch in was genau? Meine eigenen Anforderungen waren »eigentlich« klar, aber mit den permanenten »gut gemeinten« Ratschlägen und »andauernden wohlwollenden« Einmischungen wurde das nahezu unmöglich. Die Suche und Einarbeitung neuer Leute erforderte viel Zeit. Mir platzte langsam, aber sicher der Kopf.

Fragen an dich:

- Wie viel Zeit verlierst du, weil deine Mitarbeiter nicht wissen, welche Richtung sie einschlagen sollen? Wie klar sind ihnen deine Ziele und Werte?
- Wie viel Motivation, Energie und Engagement deiner Mitarbeiter verlierst du deswegen?
- Wie klar ist deine eigene Ausrichtung?

Kapitel 11
Produkte oder Nutzen verkaufen – Der ganz normale Wahnsinn

»Guten Tag. Wir kommen von der Firma HZ-Autoteile. Wir bauen Gelenkwellen[15] sogar selbst. Die haben eine umgekehrte Verschiebung, die ist sogar Teflon-beschichtet und die haben selbstschmierende Gelenke.« »Ja, ist gut. Ich melde mich dann bei Bedarf«, hörte ich noch den Spediteur sagen, als wir schon nach weniger als drei Minuten wieder im Auto saßen. Mir war bisher nicht bewusst, dass es so schlimm war. Das war ein Akquise-Gespräch meines vermeintlichen Topverkäufers bei einem großen Spediteur. Ich wollte mir ein klares Bild davon machen, was wir tatsächlich den ganzen Tag draußen auf dem Markt machten. Hartmut warf mir einen erwartungsvollen Blick zu. Er sehnte sich nach Lob für seinen »großartigen« Auftritt. Jetzt wurde es heikel.

Ich fragte vorsichtig nach: »Was wolltest du ihm denn eigentlich verkaufen?«

Er antwortete: »Das ist doch klar: dass unsere Gelenkwellen länger halten.«

Vorsichtig versuchte ich, ihm zu erklären, dass ich das so nicht verstanden hätte, weil er es mit keinem Wort erwähnt hatte. Hartmut war fest davon überzeugt, dass ein Spediteur das sofort verstehen würde. Ein neuer Versuch. Ich fragte vorsichtig nach, wofür jemand denn länger haltende Kardangelenkwellen[16] brauchen würde. Hartmut war verblüfft.

Als Hintergrundinfo für dich: Ein normaler Spediteur verkauft seine LKW mit einer Laufleistung von 800.000 Kilometern. Die werksmäßig eingebauten Kardangelenkwellen halten sowieso 1,5 Millionen Kilometer, vorausgesetzt, sie werden ordnungsgemäß gewartet. Gelegentlich etwas Fett in die Gelenke und fertig.

Und genau das wird gerne vergessen. Die LKW kommen dreckig von ihren Touren zurück. Viele Monteure sind wenig motiviert, die Fahrzeuge erst zu reinigen und dann an den entsprechenden Stellen zu schmieren. Es wird schon gut gehen. Beim nächsten Mal vielleicht. Oder übernächstes Mal. Irgendwann wird sich schon jemand darum kümmern. Oder auch nicht. Die Folgen sind verheerend für den Spediteur ... und verursachen unser eigentliches Geschäft.

Ungeschmierte Gelenke reißen irgendwann einfach ab. Metallteile fallen auf die Fahrbahn. Die 500 PS gelangen nicht mehr vom Motor nach hinten auf die Räder. Panne auf der Autobahn. Lieferfristen werden versäumt, Abschleppen, Umladen, Werkstatt. Ein solcher Gelenkwellen-Schaden kostet schnell über 10.000 Euro. Es verursacht viel Aufregung und viel unnötigen Stress.

Wir erreichten den nächsten Spediteur. »Lass mich das mal übernehmen.« Hartmut ließ mich. »Wir kommen von der Firma HZ-Autoteile. Nur mal angenommen, einer Ihrer 30 LKWs bleibt unterwegs mit Gelenkwellenschaden liegen, weil die Kollegen beispielsweise vergessen hatten, die Gelenke zu schmieren. Wie wichtig wäre es Ihnen dann, dass innerhalb von ein bis zwei Stunden ein Auto von uns mit der passenden Gelenkwelle und den entsprechenden Schrauben auf der Autobahn steht, damit Ihr Fahrer die Gelenkwelle einfach austauschen und weiterfahren kann?« »Oh. Das wäre extrem wichtig. Haben Sie mal ein Kärtchen von sich?«

Hartmut war völlig verblüfft. Noch nie hatte man ihm eine Visitenkarte schier aus der Hand gerissen. Das war ein sehr erhellender Moment – für uns beide. Wir beschlossen, Notfallkarten und Notfall-Aufkleber für die LKWs drucken zu lassen und einen 24/7-Notfallservice einzuführen. Selbst Hartmut sah ein, dass wir einem Spediteur nachts keine 25 Prozent Rabatt auf den Preis von 1.000 Euro für eine Gelenkwelle gewähren mussten, wenn er durch unseren 24/7-Service 10.000 Euro und eine Menge Stress einsparte. Es schien auch ihm fair, dass der Nachtzuschlag von 250 Euro als zusätzliches Gehalt an denjenigen ging, der den Service erbracht hatte. Ein kleiner Durchbruch: Von »Wir sind zu teuer und müssen billiger werden« bis zur Erkenntnis, dass »Rabatt« im Notfall einfach nur eine Stadt in Marokko und kein Abzug auf der Rechnung ist, hatten wir beim härtesten Brocken einen echten Durchbruch erreicht.

Es hatte einige Zeit gedauert, bis meine bisherigen »Produkterklärer« und »Rabattverkündiger« verstanden hatten, dass wir mit dem Ansatz

»schneller wieder auf der Straße« *für alle* deutlich mehr erreichten und auch mehr verdienten.

Je klarer der Nutzen ist und je sinnvoller die Tätigkeit für alle Beteiligten empfunden wird, desto einfacher, profitabler und – vor allem – zeitschonender läuft der Betrieb. Es klingt fast banal: Im Alltagsgeschäft unseres eigenen Unternehmens und in den meisten Firmen, die ich bisher kennengelernt habe, ist diese nutzenorientierte Denkweise bisher noch nicht angekommen. Die meisten erklären ihre Produkte und meinen, sie würden deshalb nicht verkaufen, weil alle anderen angeblich billiger seien. Kultur und Strategie werden von oben »eingefüllt« und an der Basis »gelebt«. Das ist unser größter Hebel. Hier retten oder verschwenden wir viele Nerven, Geld und Zeit.

Fragen an dich:

- Inwiefern ist deinen Mitarbeitern der Nutzen bzw. der Wert eures Angebots für die Ziele eurer Kunden klar?
- Wie viel Zeit verlieren du und deine Mitarbeiter, indem ihr Produkte erklärt, anstatt den Fokus auf die nutzenorientierte Wirkung für die Ziele eurer Kunden zu legen?
- Wie viel wertvolle Lebenszeit verschwenden wir, indem wir unsere Kunden langweilen und uns selbst quälen?

Kapitel 12
Es darf nur einen geben: Das Highländer-Prinzip

»Wir machen das jetzt wie im *Weißen Haus* und im *Kreml*. Jeder von uns hat ein rotes Telefon.« »Ja, in Ordnung. Und?« »Aber nur noch meins hat eine Wahlscheibe.«

Als ich meinem Vater erklärte, dass *ein* Chef in der Firma völlig ausreichen und wir auch nur *eine* klare Zielrichtung sowie einen einzigen Führungsstil bräuchten, verlor er völlig die Farbe im Gesicht. Wenn er wirklich wollte, dass ich die Firma dauerhaft weiterführte, dann konnte das nur auf meine Art sein. Ohne permanentes Gegenrudern und wohlwollendes Einmischen im Hintergrund. Es war immer gut gemeint, wenn er sich einmischte, wenn Mitarbeitende sich seinen Rat einholten und wenn er mir sagte, wie er die Dinge angehen würde. Das waren aber auch unglaubliche Zeitfresser. Aus meinen eigenen zeitaufwändigen und nervenfressenden Jahren, in denen mein Vater noch im Hintergrund tätig war, kann ich nur jedem raten: Lass es sein. Ein Chef reicht definitiv aus.

Wenn du wirklich etwas bewirken möchtest, musst du es auf deine eigene Art tun. Alles mehrfach erklären und rechtfertigen zu müssen, kostet dich Unmengen deiner Zeit. Wenn es hart auf hart kommt, musst du auch die volle Kontrolle haben können. Ich erinnere mich schmerzhaft an mein Projekt »Blaue Werkstätten«. Drei Jahre habe ich daran gearbeitet, wie wir die Vollversorgung von »Freien Werkstätten« sicherstellen können.

Das Konzept umfasste eine Art *Amazon Prime* für freie Werkstätten mit dreimal täglicher Belieferung bis hin zu vielen Kooperationen mit Vertragshändlern, um Originalteile bereitzustellen, die wir bisher nicht liefern konnten, und eine Beteiligungsstruktur für junge Meister, die gemeinsam mit uns Werkstätten übernehmen und betreiben würden.

Die nutzenorientierte Ausrichtung des LKW-Bereichs unseres Handels auf »schneller wieder auf die Straße« begann deutlich zu greifen.

Im Umkreis von 150 Kilometern rund um Koblenz waren wir die unangefochtene Nummer 1 für LKW-Kupplungen und LKW-Gelenkwellen. Im Bereich PKW-Ersatzteile hatte ich konsequent die Stufen der EKS durchlaufen. Der Fokus lag nun zu 100 Prozent auf den Bedürfnissen der unabhängigen Werkstätten.

Nachdem ich Endverbraucher und andere Zielgruppen aussortiert hatte, ging es nun darum, den zwingenden Nutzen, bei uns zu kaufen, weiter zu steigern. Das Konzept der »Blauen Werkstätten« hätte uns weit vor die anderen Anbieter katapultiert (Heute, 20 Jahre später, haben alle großen Unternehmen solche Werkstattkonzepte. Die anderen sind pleite oder bedeutungslos geworden). Das Konzept der »Blauen Werkstätten« erforderte einige Investitionen, einschließlich des Kaufs eigener Werkstätten. Wir wollten jungen KFZ-Meistern den Start in die Selbständigkeit erleichtern, indem wir sie mit bis zu 49 Prozent an einer Werkstatt unter ihrem eigenen Namen und unserer gemeinsamen Dachmarke beteiligen. Das hätte einen dauerhaften und hohen Umsatzstrom generiert, da wir auch die Originalmarken-Ersatzteile mitgeliefert hätten. Interessenten auf Verkäuferseite und junge Meister gab es genügend. Alle Einkäufe sowie das Marketing würden zentral über uns laufen, die Werkstatt bräuchte sich nur auf ihr Kerngeschäft »Autos reparieren« zu konzentrieren und wäre damit deutlich besser aufgestellt als die Wettbewerber wie beispielsweise *A.T.U.*, ganz freie – und Marken-Werkstätten.

Es war alles vorbereitet und gut präsentierbar. Wir hätten nicht wirklich viel Geld zur Finanzierung gebraucht, aber es wäre in den ersten Jahren keine Gewinnausschüttung möglich gewesen. Danach hätte es sich sehr lohnend ausgezahlt.

Die folgende Gesellschafter-Versammlung war ein Desaster. Ich hatte nur 42 Prozent der Anteile, mein Bruder 9 Prozent und mein Vater noch 49 Prozent. Beide hatten kein Interesse an einer »abenteuerlichen« Zukunft mit einem neuen Konzept. Sie wollten lieber weiterhin solide Auszahlungen und sich nicht weiter darum kümmern. Diese Abstimmung markierte den tiefsten Punkt meiner Karriere. Die Menge an verschwendeter Zeit und Energie lässt sich kaum beziffern. Ich hatte keine Motivation mehr, mich weiterhin so intensiv zu engagieren.

Mir wurde bewusst, dass ich auf Dauer ein neues oder ein zusätzliches Spielfeld brauchte, in dem ich meine Ideen wertgeschätzt umsetzen konnte. Weder mein Bruder noch mein Vater wollten mir neun Prozent ihrer Anteile verkaufen. Ich war in einer Zwickmühle gefangen. Das Hamsterrad in Kombination mit dieser Zwickmühle war doppelt belastend.

So nett Mitgesellschafter auch sein mögen, im Zweifelsfall benötigst du die Mehrheit der Stimmen. Andernfalls verlierst du enorm viel Zeit, in der du deine eigenen Lebensziele nicht umsetzen kannst. In der Satzung meiner heutigen Familienstiftung ist beispielsweise geregelt, dass der Vorstand immer einstimmig entscheidet, aber ich als Vorstandsvorsitzender bei Uneinigkeit die doppelte Stimmzahl habe. Das ist einer der Gründe, warum ich lieber nicht mehr in GmbHs, sondern in anderen Rechtsformen tätig bin.

Frage an dich:

- Wie hast du sichergestellt, dass sich deine Zeit auch auf Dauer auszahlt, dass sich dein zeitliches Engagement für dich lohnt und nicht durch andere Mehrheiten zunichte gemacht werden kann?

Ich verteile IMMER
ALLE Aufgaben so,
dass KEINE übrig bleibt.

– Der Gutsverwalter von Freiherr von Richthofen –

Kapitel 13
Verteile immer alle Aufgaben so, dass keine übrig bleibt

Sehr früh morgens auf einem riesigen Landgut. Sonnenaufgang auf dem Feld. Die Arbeiter versammeln sich um den Gutsverwalter. Heute ist auch die Chefin dabei. Der Gutsherr hatte seinem Verwalter einen der ersten VW-Käfer als Firmenwagen zur Verfügung gestellt. Diese unnötigen Kosten hatten die Frau Baronin ziemlich aufgeregt. Jetzt wollte sie persönlich nachschauen, was der Verwalter eigentlich den ganzen Tag arbeitet. Nach wenigen Minuten hat der Verwalter alle anstehenden Tagesaufgaben verteilt. Die Arbeiter machen sich auf den Weg, während der Gutsverwalter und die Baronin allein auf dem Acker zurückbleiben. Etwas gereizt fragt sie: »Und was machen Sie heute den ganzen Tag?« Sehr ruhig, souverän und entspannt antwortet ihr der Gutsverwalter: »Sehr geehrte Frau Baronin, ich verteile immer alle Aufgaben so, dass keine übrig bleibt. Ich wünsche Ihnen einen angenehmen Tag.« Dabei betont er alle und keine. Sehr geschickt.

Zurück im Gutshaus erzählt die Baronin ihrem Mann aufgebracht von der Antwort des Verwalters. Schmunzelnd bedankt er sich mit der Bemerkung: »Lieben Dank, Schatz. Jetzt weiß ich, dass ich den richtigen Mann eingestellt habe.«

Diese Geschichte hat *mein* Leben völlig verändert. Mein Coach hat mir diese Anekdote aus dem Leben seines Großonkels erzählt, als ich ihm von meiner extrem hohen zeitlichen Belastung berichtete. Diese Geschichte war die Geburtsstunde meiner 1-Tage-Woche, meiner neuen Freiheit. Sie ist der Beginn des Endes meines Hamsterrads.

»Ich verteile IMMER ALLE Aufgaben so, dass KEINE übrig bleibt.«

Dieser Satz hat mein Leben komplett verändert. Er wurde zu meinem Mantra. Ich überlegte: Welche Aufgaben *muss* ich denn wirklich als Gesellschafter-Geschäftsführer selbst erledigen? Formal gesehen *muss* ich nur die Bilanz selbst unterschreiben. Den Rest könnten auch andere erledigen.

Diese Grundhaltung hat alles verändert. Sie ist zu meinem neuen Denkmuster geworden. Ein echter Game-Changer. Damals habe ich begonnen, ganz systematisch zu schauen, was ich alles ändern muss, damit ich alle Arbeiten so verteilen kann, dass keine übrig bleibt. Damals aus reinem Egoismus, um mich aus dem Hamsterrad zu befreien. Ich hätte nie gedacht, dass ich das einmal anderen Unternehmern vermitteln würde.

Die Erfahrungen zeigten, dass meine Strategien griffen: Wir gewannen an Fahrt, es wurde besser. Gleichzeitig war mir klar, dass ich persönlich in dem bestehenden System auf Dauer nicht glücklich sein würde. Es musste sich noch einiges ändern. Ich brauchte Freiraum. Und vor allem brauchte ich meine Zeit zurück. Ich brauchte ein System, das von selbst lief, damit ich mit meinen Stärken wirksamer werden konnte. Ich wollte nicht mehr im Tagesgeschäft stecken bleiben und dem Leben hinterherlaufen. Definitiv nicht.

Die damalige Struktur war eine Sackgasse. Aus dieser musste ich mich befreien. Der Gutsverwalter hatte mir den Schlüssel zu einer neuen Welt gegeben. Was musste ich tun, um alle Aufgaben so zu verteilen, dass keine übrig blieb?

Schnell war klar: Das geht nur mit Menschen, die eigenständig Entscheidungen treffen können. Mein Fokus musste sich verändern. Meine neue Hauptaufgabe war es jetzt, die Menschen groß zu machen. Zum einen musste ich sie weiterentwickeln, sie entscheidungsfähig und entscheidungsfreudig machen und zum anderen ihre Interessenslage verändern. Meine Leute sollten das gleiche Interesse haben wie ich, das Unternehmen so zu organisieren, dass alle gemeinsam Spaß daran haben. Es musste ein Mehrfach-Gewinner-Modell werden.

Ich begann, die Prinzipien der EKS-Strategie auf meine Leute anzuwenden. Wer hatte wo welche Engpässe? Mit wem konnte ich »kooperieren«, um diese Win-Win-Situation zu schaffen? Wie muss ich die Rahmenbedingungen gestalten, damit sich alle mit 150 Prozent Engagement einbringen? Warum sollten sie mit mehr Verantwortung Entscheidungen treffen? Welche Aufgaben gibt es generell und wie sollte ich sie verteilen?

Es lohnt sich natürlich auch für dich, diese Fragestellungen für dich und dein Unternehmen zu beantworten.

Fragen an dich:

- Welche Aufgaben bestimmen deinen Tagesablauf? Deine Unternehmer-, Manager- oder Facharbeiteraufgaben?
- Was sind für dich typische Unternehmeraufgaben?
- Wem kannst du welche Aufgaben übertragen, damit keine übrig bleibt?

**Wer selbst arbeitet,
verliert den Überblick.**

**… und Führungskräfte
werden für den Überblick bezahlt.**

Mein Führungsprinzip Nummer 1

Kapitel 14
Mögen Sie sich eigentlich selbst? – Führungsstil Fliege oder Biene

»Mögen Sie sich eigentlich selbst?« Verdutzt schaute ich meinen Coach an. »Warum sollten Ihre Mitarbeiter Sie mögen, wenn Sie sich selbst nicht mögen? Brauchen Sie wirklich immer die Anerkennung anderer oder können Sie Ihre Leistungen sich selbst gegenüber auch anerkennen?«

Mein Coach war sehr direkt, während wir mal wieder mit viel Stress im Unternehmen zu kämpfen hatten. Einige Leute hatten gleichzeitig gekündigt. Der Strategie-Stress zwischen meinen Vater und mir, die vielen Veränderungen, das Nachregieren aus dem Hintergrund waren einigen einfach zu viel.

Der Streben nach Anerkennung von anderen und der Wunsch, es für andere richtig machen zu wollen, kosteten viel Energie und vor allem viel Zeit. Ich hatte immer das Gefühl, es allen recht machen zu müssen. Allein der ständige Konflikt mit meinem Vater und seinen Anhängern kostete Unmengen an Zeit und Nerven. Nicht nur mir, sondern auch unseren Mitarbeitern ging dieser anhaltende Kampf auf die Nerven. Deshalb hatte ich ja die Reißleine gezogen und die – bildlich gesprochenen – beiden roten Telefone eingeführt.

Neben dem ständigen Wunsch, es allen recht zu machen, und dem anhaltenden Kampf um die Strategie und Führung gab es einen weiteren prägenden Effekt, bei dem mein Coach damals noch Salz in die Wunde streute. Natürlich wollte ich als junger Chef den Respekt meiner Mitarbeiter gewinnen. Von meinem Vater hatte ich gelernt, dass man Respekt bekommt, indem man die Fehler anderer findet, sie aufdeckt und auf Korrektur pocht.

»Du musst ihnen immer zeigen, dass du es besser kannst als sie.« Das konnte ich mittlerweile perfekt. Und vielleicht kennst du dieses Phänomen auch. Wenn wir einen Arbeitsplatz betreten, findest du immer mit dem ersten Blick den Fehler des Tages. Diese Fehler springen uns förmlich ins Auge.

Nennen wir dieses Verhalten einmal den Führungsstil »Fliege«. Fliegen suchen nach Sch…haufen und finden sie immer, in Massen. Der Fokus liegt auf Fehlern und sie werden gefunden. Das ist ziemlich praktisch, wenn man schnell die Ausgangsrechnungen überfliegt und sich darauf verlassen kann, dass einen die wesentlichen Fehler sofort anspringen. Für die Mitarbeitenden ist es alles andere als praktisch, es ist extrem stressig und demotivierend. Wir reden nur über das, was falsch läuft. Lob und Anerkennung gibt es nicht. Den alternativen Führungsstil dazu nennen wir mal »Biene«. Bienen suchen nach Blüten und Nektar. Und finden sie auch.

Auf dem Weg zur 1-Tage-Woche für mich (und für dich) brauchen wir große Leute. Menschen, die selbstständig entscheiden können, eigenständig arbeiten und Freude an ihrer Aufgabe haben. Fliege oder Biene sein? Die Frage nach dem zielführenderen Führungsstil ist damit schon beantwortet. Ich benötige nie viel Zeit, um Erkenntnisse umzusetzen. Das geschieht sofort.

Im Fliegen-Stil hatte ich definitiv schon den schwarzen Gürtel im fünften Dan. Im Bienen-Stil galt es, dieses Level noch zu erreichen. Der ständige Konflikt führte leider zu der bereits erwähnten Kündigungswelle. Leider oder zum Glück. Im Nachhinein betrachtet war es zum Glück so. Als Mitarbeiter hätte ich wahrscheinlich auch das Weite gesucht. Das taten andere auch in anderen Firmen. Ein Wettbewerber ging zeitgleich aufgrund ähnlicher Probleme in die Insolvenz. Ich konnte einige gute Leute für uns gewinnen.

Das war der perfekte Zeitpunkt, um sie im Bienen-Stil zu führen, ihnen die neue nutzenorientierte Strategie aufzuzeigen, Verantwortung zu übergeben und alle Aufgaben so zu verteilen, dass keine mehr übrig blieb – ohne Störungen von älteren Mitarbeitenden. Fliege oder Biene? Das Grundbedürfnis nach Anerkennung treibt viele Menschen an, oft zu Höchstleistungen. Dauerhafte Kritik im Fliegen-Stil wirkt massiv demotivierend.

Mit ein wenig Distanz wundert es mich, dass dieses simple Bild von Fliege und Biene einen derartigen Unterschied ausmacht. Ich habe dutzende Bücher zu Führung gelesen, Seminare und Workshops besucht, aber nie den wirklichen Unterschied verstanden. Der wahre Unterschied liegt in unserer Einstellung dahinter.

In diesen Management-Seminaren ging es immer nur um Führungstechniken, nie um die Haltung. Genau wie bei der Frage nach der Strategie ist es grundlegend: Dienen all diese Vorgehensweisen nur dazu, den eigenen Ertrag zu steigern? Oder dienen sie dazu, den Nutzen für alle zu optimieren und als Folge davon auch einen höheren Gewinn zu erzielen? Fast schon als Abfallprodukt und nicht mehr als eigentliches Ziel. Das Ziel ist der höhere Nutzen für alle. Der Unterschied ist fundamental, ein kompletter Wandel um 180 Grad.

Die meisten Unternehmer sind auf die Steigerung des Ertrags fokussiert. Die »Diktatur der Quartalsergebnisse« treibt unsere Hamsterräder an. Höher, schneller, weiter. Wenn wir unsere Hamsterräder verlassen wollen, benötigen wir zuerst diesen Perspektivenwechsel.

Das neue Ziel und die dahinterstehende Einstellung ist es, den Nutzen für alle Beteiligten konsequent zu steigern. Das ist tatsächlich ein Unterschied von 180 Grad. Wer den Nutzen steigert, kann mit gutem Gewissen aus diesem höheren Nutzen auch einen höheren Ertrag ziehen. Eigentlich ganz einfach, oder?

Wenn du Leistungsträger möchtest, dann führe wie eine Biene. Bienen suchen Blüten. Natürlich habe ich meinen Führungsstil geändert und bewusst nur noch nach Blüten und Nektar bei meinen Mitarbeitern gesucht. Mit erstaunlichen Ergebnissen. Wir haben keine guten Leute mehr verloren. Alle haben deutlich besser gearbeitet. Wir haben deutlich mehr Geld verdient. Es wurde leichter, menschlicher und nachhaltiger.

Fragen an dich:

- Was ist dein Führungsstil? Suchst du wie eine Fliege nach Sch…haufen oder wie eine Biene nach Blüten und Nektar bei deinen Mitarbeitenden?
- Willst du deinen Gewinn steigern oder den Nutzen für alle? Und möchtest du aus diesem höheren Nutzen auch mehr Geld verdienen?

Kapitel 15
Blick zurück, Blick nach vorn – Der Wendepunkt ist erreicht

Der Wendepunkt war erreicht. Was hatte sich verändert? Was waren die wesentlichen Treiber für die Veränderung? Was kannst du für dich und deine Mitarbeitenden in deinem Unternehmen tun, um auch deine zeitliche Freiheit wieder zu gewinnen? Wie kannst du von meinem Lehrgeld und meinem Leergeld für dich profitieren? Ziel, Strategie und Kultur sind klar definiert. Ich hatte ein klares Ziel und wusste genau, wie ich es erreichen werde. Zusammengefasst gab es drei entscheidende Punkte auf dem Weg zum Durchbruch. Bei mir waren sie noch zufällig, heute kannst du sie systematisch angehen.

Es geht um die drei wesentlichen Punkte:
1. Deine Haltung
2. Deine Strategie
3. Dein Führungsstil

Haltung – Deine Haltung ist dein größter Hebel

Wie die meisten Unternehmer bin ich in die Falle der Gewinnmaximierung getappt. Das führt immer zum Start des Hamsterrads. Eine böse Falle. Die dahinterliegende Haltung ist einfach: Den eigenen Gewinn auf Kosten anderer zu steigern. Der Widerstand ist dabei immer schon fest und verlässlich vorprogrammiert.

Diese gewinnmaximierende Haltung führt zu Interessenskonflikten und erschwert das Leben für alle. Deshalb brauchen Unternehmer ausgeklügelte Management-Methoden, um den Aufwand gering zu halten und den Gewinn zu eigenen Gunsten zu maximieren, sei es im Verkauf, in der Produktion oder in der Führung. Gewinn auf Kosten anderer zu erzielen, wird von Menschen bereits aus der Ferne wahrgenommen. Sie werden skeptisch und wehren sich dagegen. Das ist der Startpunkt für das Hamsterrad. Um langfristig etwas zu bewegen, braucht es immer und immer mehr Aufwand. Die Interessenslagen sind einfach konträr. Wenn wir unsere Haltung um 180 Grad drehen, spüren die Menschen das sofort. Wenn deine Einstellung ein Mehrfach-Gewinner-Modell ist, erhöhst du systematisch den Nutzen für dein Umfeld. Basierend auf einer tiefen persönlichen Überzeugung hilfst du anderen mit deinen Stärken dabei, ihre Probleme besser zu lösen und ihre Lebensziele leichter, besser und sicherer zu erreichen. Fühle dich dazu eingeladen, auch anders zu denken.

Deine Haltung sollte darauf abzielen, den Nutzen für deine Mitarbeitenden und deine Kunden kontinuierlich zu steigern. Weil sie den Mehrwert für sich erleben, werden die meisten gerne höhere Gewinne mit dir teilen. Ab dieser Veränderung arbeiten die Menschen nicht mehr gegeneinander, sondern füreinander. Wenn die Maximierung des Nutzens deine Haltung ist, reduzierst du viele Widerstände und schaffst permanent neue Synergien. Es ist nicht so leicht, die passenden Menschen auf diesem Weg zu finden. Deshalb ist die Wahl deiner Wegbegleiter essenziell. Es ist nicht so wichtig, wo, wie, und wofür du deine Zeit verwendest. Definitiv am wichtigsten ist, mit wem du deine Zeit teilst. Beide Denkweisen – Gewinnmaximierung und Nutzenmaximierung – sind legitim, einfach nur völlig gegensätzlich. Und du hast die freie Wahl. Du bist der Gestalter deiner Lebensqualität. Die Auswirkungen deiner Einstellungen sind überall zu beobachten. So oder so.

Die 1-Tage-Woche für Unternehmer funktioniert *nur* mit der nutzenorientierten Haltung: Je mehr Nutzen du anderen Menschen verschaffst, desto einfacher wird es für dich. *Deine* Haltung macht *den* Unterschied. Mit welcher Einstellung wirst du zukünftig unterwegs sein?

Strategie – Wie setzt du deine Ressource Zeit am wirksamsten ein?
Durch meinen Strategieprozess habe ich die Ausrichtung des Unternehmens grundlegend neu aufgestellt. Allein die Klarheit darüber, wohin wir wollen, bei welcher Kundengruppe wir den höchsten Mehrwert schaffen und warum wir Veränderungen vornehmen, hat uns sehr viel Zeit gespart. Die grundlegende Frage lautet: Wie kannst du deine Stärken und Energien so bündeln, dass du mit minimalem Aufwand die maximale Wirkung erzielst?

Dazu lohnt es sich, die sieben Stufen, die ich bereits in Kapitel 9 kurz umrissen habe, systematisch durchzugehen. Die »richtige« Strategie spart dir jede Menge Zeit. Du ersparst dir alle zeitfressenden Wege, die nicht deinen Stärken entsprechen und die dich daran hindern, dich ohne Differenzierungsmerkmale im standardisierten Wettbewerb aufzureiben. Deine Strategie verwandelt deine Stärken in Gold. Mit welcher Strategie wirst du zukünftig unterwegs sein?

Führungsstil – du prägst deine Unternehmenskultur

Der dritte wichtige Hebel auf dem Weg zur zeitlichen Freiheit ist deine Führungskultur. Nach dem »Wohin« und dem »Wozu« kommt das »Wie«. Menschen großzügig behandeln, ihnen vertrauen, ihnen zutrauen, sie ernst nehmen, den Nutzen für sie erhöhen und sie nicht als Fliege, sondern als Biene führen – all das hat bei uns den Unterschied gemacht. In späteren Kapiteln wirst du noch einige Beispiele kennenlernen, wie wir dazu beigetragen haben, dass unsere Leute auch ihre Lebensziele besser erreichen.

Auch hier war es die Grundhaltung, vorrangig den Nutzen zu maximieren und nicht den Gewinn, die letztendlich dazu geführt hat, dass ich mit deutlich weniger zeitlichem Aufwand und deutlich mehr Ertrag als zuvor ausgekommen bin. Deine Führungskultur prägt die Lebensqualität. Mit welchem Führungsstil wirst du zukünftig unterwegs sein?

Die drei Wirkfaktoren – deine Haltung, deine Strategie und deine Führungskultur – sind für dich auf dem Weg zur 1-Tage-Woche weitaus wichtiger als alle Zeitmanagement-Methoden zusammen. Egal, wie gut du dich und deine Zeit organisierst, dein einzelner Tag hat nur 24 Stunden. Diese drei Erfolgsfaktoren heben das ganze Spiel in eine andere Dimension.

Du gewinnst Menschen, dein Spiel mitzuspielen, weil es auch ihr Spiel ist. Du bist eine »Einladung«, ihre Lebensziele durch den von dir geschaffenen Rahmen leichter, menschlicher und nachhaltiger zu erreichen. Aus Gegeneinander wird Miteinander. Aus Druck wird Sog. So beginnt das ganze Unternehmen, wieder für dich zu arbeiten. Du wirst wieder frei. Vorher hast du für dein Unternehmen gearbeitet. Jetzt arbeitet es wieder für dich.

Wie wirst du mit diesen drei wesentlichen Erfolgsfaktoren umgehen? Nimm dir einen Moment der Ruhe und überlege zu allen drei, was du für dich ändern willst, um deine zeitliche Freiheit wieder zu gewinnen.

Fragen an dich:

- Mit welcher Haltung wirst du unterwegs sein?
- Mit welcher Strategie wirst du den wirksamsten Punkt für deine Stärken angehen?
- Wie wird dein Führungsstil in Zukunft sein?

Erfolgreiche Menschen
sind nicht glücklicher.

Glückliche Menschen
sind einfach erfolgreicher.

– Dr. Oliver Haas – Corporate Happiness[17] –

Kapitel 16
Lebensziele zu Firmenzielen machen – Der nächste große Hebel

Samstagmorgen 10:30 Uhr. Reitstunde meiner damals 7-jährigen Tochter. Verzweifelt versuchte sie, ihr Pferd anzugaloppieren. Es klappte einfach nicht. Dann sagte die Reitlehrerin etwas völlig verblüffendes: »Leonie, der Galopp ist in jedem Pferd schon drin. Du musst ihn nur rauslassen.«

Die Reitlehrerin erklärte uns, dass es beim Reiten drei Stufen gibt:

- Stufe 1 – oben bleiben.
- Stufe 2 – oben bleiben und das Pferd möglichst wenig in seinen Bewegungen stören.
- Stufe 3 – Oben bleiben und das Pferd in seinen Bewegungen aktiv so unterstützen, dass es sein volles Potential entfalten kann.

Diese Erklärungen der Reitlehrerin klingen noch heute in meinen Ohren nach. Übertragen auf uns Unternehmer stellt sich die Frage: Wie können wir das volle Potenzial unserer Mitarbeiter entfalten?

Die Führung von Menschen gleicht genau den drei Stufen des Reitens. Die meisten Chefs erreichen Stufe 1 – die Leute bleiben, einige erreichen Stufe 2 – die Leute bleiben und man stört sie möglichst wenig in ihrer Entfaltung, nur wenige erreichen Stufe 3 – man gewinnt die besten Leute und unterstützt sie aktiv dabei, ihr Potenzial voll zu entfalten.

Oben zu bleiben ist schon anstrengend, da man gegen die Schwerkraft kämpft. Wenn das Pferd es will, landet man schnell auf dem Boden: »Das größte Glück der Pferde, ist der Reiter auf der Erde.« Wenn uns Pferde oben lassen, ist das ein Privileg. Indem sie uns vertrauen, gewähren sie uns dieses Privileg und schenken uns ihr Vorvertrauen. Missbrauchen wir dieses Vertrauen, werden wir uns schnell wieder am Boden befinden. Wenn wir ihre Bewegungen nicht zu sehr stören, haben wir eine gute Basis. Die meisten Reiter schaffen es bis zu diesem Punkt.

Zugegeben, über diesen Punkt hinaus bin ich meistens beim Reiten auch nie wirklich gekommen. Die wenigen Momente, in den Pferd und Reiter verschmelzen und wir es schaffen, in Einklang zu kommen, sind grandios. Dann wird das eigentliche Zitat wahr: »Das größte Glück der Erde ist auf dem Rücken der Pferde.«

Motivation und Leistungswille sind natürlich in allen unseren Mitarbeitern vorhanden. Wir müssen sie nur herauslassen. Beim Reiten machen wir das durch die richtige Hilfengebung. Welche Hilfen geben wir unseren Mitarbeitern, um ihren »Galopp« herauszulassen? Unsere Haltung, Nutzen für alle zu stiften, statt nur den Gewinn für uns selbst zu erhöhen, macht den Unterschied. Hier sind Menschen und Pferde gleich, denn sie spüren deine Haltung aus 50 Metern Entfernung und verhalten sich entsprechend. Übertragen auf das Leben unserer Leute hat das enormes Potenzial. Normalerweise kommen Menschen zu uns, verdienen bei uns ihr Geld und leben außerhalb der Firma ihr Leben. Das entspricht der Stufe 1, einfach oben bleiben. Wenn wir gut mit ihnen umgehen, erreichen wir Stufe 2. Es wird für alle angenehmer. Wir stören uns gegenseitig nicht so sehr. Wie können wir denn die Stufe 3 erreichen und ihre natürlichen Bewegungen fördern? Ganz einfach, indem wir uns anschauen, was die natürlichen Bewegungen unserer Leute sind.

Diese Fragen bringen uns näher:

- Was treibt sie wirklich an?
- Was bewegt sie?
- Welche Werte sind ihnen wirklich wichtig?
- Was möchten sie in ihrem Leben erreichen?
- Wie wollen sie sich zum Ausdruck bringen?
- Welche Lebensziele schlummern in ihnen?
- Welche Art von Leben möchten sie gerne führen?
- Wohin und wie möchten sie gerne reisen?
- Wo möchten sie langfristig leben?
- Welche Lebensträume möchten sie verwirklichen?
- Wie möchten sie arbeiten?
- Welche Aufgaben würden ihnen Erfüllung bringen?
- Welche Talente möchten noch zum Ausdruck gebracht werden?

Die Liste lässt sich noch um viele weitere Punkte ergänzen, deren Auflistung den Rahmen des Buchs sprengen würde.

Lass uns kurz eine Denkweise umkehren: Sind die Mitarbeitenden für dein Unternehmen da oder ist dein Unternehmen für deine Mitarbeitenden da? Bisher dachten wir immer, dass Mitarbeiter da sind, um Unternehmensziele zu erreichen. Wie wäre es, wenn wir es genau andersherum denken? Unsere Unternehmen sind dazu da, die Lebensziele der beteiligten Menschen zu verwirklichen. Mit dieser Denkweise eliminieren wir den Interessenskonflikt zwischen Arbeit und Privatleben. Wenn wir den Nutzen nicht nur für die Kunden, sondern auch für die Mitarbeitenden konsequent steigern, entsteht auch hier ein zwingender Nutzen – um es in strategischer Sprache auszudrücken. Die besten Kunden und die besten Mitarbeitenden werden auf Dauer nicht um uns herumkommen. Wir können uns aussuchen, mit wem wir zusammenarbeiten, weil wir den höchsten Nutzen bieten.

Du kannst bereits erahnen, wie viel Freiheit uns dieser Ansatz gibt: Wir müssen niemandem mehr hinterherlaufen. Wir kennen unseren Wert für die Kunden und für die Mitarbeitenden. Wir verbringen unsere Zeit mit Freiwilligen. Wir sind der attraktivste Anbieter in unserem Markt.

»Erfolgreiche Mitarbeiter sind nicht glücklicher. Es ist andersherum: Glückliche Menschen sind einfach erfolgreicher«, sagt Dr. Oliver Haas. Sein Buch *Corporate Happiness*[18] bringt es auf den Punkt. Damals kannte ich das Buch leider noch nicht. Heute ist es eine uneingeschränkte Empfehlung von mir.

Ich habe damals intuitiv begonnen, meine Firma um die Lebensziele meiner Mitarbeiter herum aufzubauen, basierend auf meiner veränderten Haltung, den Nutzen zu maximieren und nicht den Gewinn. Was bedeutet das konkret im Alltag? Wie kannst auch du das pragmatisch in deinem Unternehmen umsetzen? Im nächsten Kapitel wirst du einige Beispiele kennenlernen.

Fragen an dich:

- Wie siehst du aktuell die Aufgabenverteilung? Sind deine Mitarbeiter für dich und deine Firmenziele da? Oder ist dein Unternehmen zum Erreichen der Lebensziele der involvierten Menschen da?
- Welche spontanen Ideen hast du, welchen Beitrag du über das Gehalt hinaus leisten kannst, damit die Menschen rund um dein Unternehmen ihre Lebensziele leichter, menschlicher und nachhaltiger erreichen können?
- Versuchst du die Leute an dein Unternehmen anzupassen oder gestaltest du dein Unternehmen um die Stärken deiner Leute herum?

»Das Leben ist kein Ponyhof«
oder vielleicht doch?

Kapitel 17
Wünsch dir was: Wunschgehalt, Wunschautos, Wunscharbeitszeit

Rainer wollte am liebsten mit Frau und Hund bei schönem Wetter am Rhein spazieren gehen. Siggi träumte davon, ein fettes Auto zu fahren. Michael wünschte sich einfach, in Ruhe zu arbeiten. Gabi wollte etwas bewegen. Werner organisierte gerne Grillfeste. Hartmut wollte sein eigenes Haus besitzen. Peter wollte einfach nur helfen. Stephan wollte clevere Geschäfte machen. Toni wollte viel Geld verdienen, um sich was leisten zu können und Sabine suchte einen KFZ-Meister als Mann. Nur einmal exemplarische Wünsche von zehn Leuten. Im Grunde waren das alles völlig normale Wünsche. Es konnte nicht so schwer sein, meinen Beitrag dafür zu leisten, diese Wünsche zu erfüllen. Und das war es auch nicht.

Ich begann, die Informationen zwischen den Zeilen auf mich wirken zu lassen. Rainer beschwerte sich oft über das schlechte Wetter am Wochenende. Unter der Woche schien die Sonne, aber am Wochenende, wenn er endlich Zeit hätte, mit seiner Frau und dem gemeinsamen Hund am Rhein spazieren zu gehen, regnete es immer. Ich hörte das immer wieder. Also überlegte ich, wie ich das nutzen konnte. Irgendwann holte ich uns einen Kaffee und machte ihm ein Angebot, dass er – wie würde Don Corleone sagen – nicht ablehnen konnte. Ich bot ihm an, einfach immer dann mit seiner Frau und seinem Hund spazieren zu gehen, wenn die Sonne schien und einfach dann zu arbeiten, wenn das Wetter schlecht war. Im Voraus hatte ich mir überlegt, was ich wirklich von ihm brauchte, um das Unternehmen voranzubringen.

Ich strebte eine Lagerumschlagshäufigkeit von sieben oder besser an. Das bedeutet, dass sich unser Lagerbestand sieben Mal im Jahr dreht. Eine Million Euro Lagerbestand entspricht sieben Millionen Euro Umsatz. Oder anders ausgedrückt: Rainer konnte das Lager mit steigendem Umsatz sukzessive erweitern, ohne mich jedes Mal um Erlaubnis fragen zu müssen. Ich wollte, dass wir 95 Prozent der Aufträge ab Lager liefern konnten, ohne aufwendige Sonderbeschaffungen.

Und die schwierigste Aufgabe: Ich wollte, dass wir jede LKW-Kupplung, die einmal im Jahr angefragt wurde, dauerhaft auf Lager hatten. Du erinnerst dich an meine Story zu »schneller wieder auf die Straße«. Um unsere Marktführerschaft sukzessive auszubauen, mussten wir die Nummer 1 sein, die rund um die Uhr alle Kupplungen und Gelenkwellen sofort liefern konnten. Nur wir konnten Sonntagnacht um zwei Uhr sofort liefern. Einen Tag später konnte das jeder andere auch. Die zusätzlichen Liefergebühren zahlten die Kunden gerne, weil ihnen der 24/7 Zugriff Tausende Euro von Ausfallkosten ersparte. Ich hatte eine Weile über diese drei Kennzahlen nachgedacht. Wo hatten wir strategisch den größten Hebel für unsere Unternehmensziele und wie konnte ich im Gegenzug die Lebensziele von Rainer beschleunigen? Wir brauchten nicht lange zu verhandeln. Volltreffer. Er ging auf den Deal ein. Er konnte kommen und gehen, wann er wollte, und die Anzahl der Arbeitsstunden konnte er selbst bestimmen. Neben seinem Gehalt bekam er einen Firmenwagen als Kombi für seinen Hund und eine Zielprämie. Solange wir diese drei Kennzahlen im Blick hatten, konnte er immer bei schönem Wetter mit Frau und Hund spazieren gehen und bei schlechtem Wetter das Lager optimieren. Perfekter Deal. Die Wirkung war phänomenal: Vorher war Rainer mega akkurat bei seinen Arbeitszeiten. Er kam exakt um 07:30 Uhr, machte genau eine Stunde Mittagspause und verließ um Punkt 16:00 Uhr den Hof. Da konnte man die Uhr nach stellen. Keine Minute verschenkt.

Jetzt änderte sich für ihn alles. Für uns auch. Er wusste jetzt, für wen er eigentlich arbeitet: für sich selbst und seine Lebensziele. Das hatte spürbare Auswirkungen. Unsere Lieferanten meldeten sich nach und nach bei mir und fragten, warum sie erneut eine Lagerbereinigung machen sollten, warum Rainer ein Konsignationslager (Lieferant legt Ware auf seine Kosten bei uns aufs Lager) einrichte und so weiter.

Die nachfragenden Lieferanten verwies ich alle an Rainer zurück und erklärte ihnen, dass sie mich dazu nicht mehr fragen bräuchten. Rainer leitete die beiden Teilelager für PKW und LKW. Er würde das richtig machen. Punkt.

So habe ich mit jedem meiner Leute beschäftigt und immer eine passende Win-Win-Lösung gefunden. Sehr individuell. Mit den wichtigsten begann ich: Siggi leitete die Produktion für Gelenkwellen. Er war ein absoluter Experte auf diesem Gebiet. Ich machte ihn offiziell zum Bereichsleiter, stellte ihm eine dauerhafte Beteiligung in Aussicht und erklärte die Werkstatt zu Siggis Reich, in das ich mich nicht einmischen würde. Er kannte seinen Wert. Ich kannte den auch. Sein Bereich lag immer über 1,5 Millionen Euro Umsatz und dabei generierte er eine Rohertragsmarge von über 50 Prozent. Eine echte Goldgrube. Siggi dachte und handelte wie ein Unternehmer. Er zeigte mir stolz seinen optimierten neuen Workflow, überlegte, wie wir Altteile von Gelenkwellen besser aufarbeiten konnten (die brauchbaren Gussteile wurden immer wieder recycelt) und zeigte auf, wie wir auch die Gelenkwellen der zunehmenden Zahl von Lieferwagen sehr lohnend reparieren könnten, wenn wir eine zusätzliche 3-Punkt-Wuchtmaschine anschaffen würden. Wenn ich ihn in »seiner« Fertigung besuchte, verhielt ich mich wie ein Gast in seinem Reich. Er war zu Recht stolz auf sein Werk. Seine Lebensziele waren am leichtesten zu erfüllen: Er bekam sein »Reich« und alle zwei Jahre einen neuen 5er BMW-Kombi in Mokkametallic mit einem 6-Zylinder-3 Liter-Motor. Ein guter Deal für alle.

Hartmut kam irgendwann mit dem Wunsch nach einem eigenen Haus. Er hatte sein Wunschhaus auch schon gefunden. Ihm fehlte allerdings für die Finanzierung ein »wenig« Eigenkapital. Wir haben es ihm einfach geliehen. Ohne uns hätte er dieses Haus nicht.

Je mehr Raum unsere Leute bekamen, je mehr Vertrauen und Zutrauen alle erlebten, desto besser lief das Geschäft. Die besten Mitarbeitenden kamen auf Empfehlung unserer eigenen Leute. Je besser es lief, desto mehr interessante Menschen bewarben und engagierten sich. Die Menschen wurden nicht mehr ans Geschäft angepasst (das hat noch nie funktioniert, ohne deren Potenzial zu ruinieren), sondern wir passten das Geschäft konsequent an die Menschen an. Wir konnten uns die besten Mitarbeitenden auf dem Markt aussuchen. Solche Arbeitsbedingungen gab es nur hier. Die Lebensziele meiner Leute zu Firmenzielen zu machen, schien mir der einfachste und konsequenteste Weg, wie ich es schaffen konnte, dass sie in meinem Unternehmen für sich und damit für mich arbeiten würden. Ich wollte die Interessenskollision zwischen Arbeitgeber und Arbeitnehmer möglichst aufheben. Viele Jahre später erschien das Buch *The Big Five for Life*[19] von John Strelecky – ein Weltbestseller, der genau diese Vorgehensweise beschreibt.

Eines Tages stand eine junge Frau im Laden, die mich unbedingt sprechen wollte, weil sie bei uns arbeiten wollte. Ihr Vater hatte einen Kfz-Betrieb. Statt selbst den Kfz-Meister zu machen, wollte sie einen bei uns kennenlernen, weil die ja »alle« bei uns ihre Ersatzteile einkaufen würden. Alle vier Wochen stand sie wieder im Geschäft. Nach dem vierten Besuch habe ich sie eingestellt. So entschlossen würde sie sich definitiv ins Verdienen bringen. Und das tat sie. So kess, wie sie war, zog sie massenhaft junge Männer an.

Fragen an dich:

- Welche Lebensziele haben deine Leute? Was möchten sie in ihren Leben noch erreichen?
- Wie möchten sie leben? Was bewegt sie wirklich?
- Wie kannst du sie durch dein Unternehmen unterstützen, ihre Lebensziele besser zu erreichen?

Kapitel 18
Zwerge oder Riesen züchten? – 100 Prozent Rückendeckung

»Hast du gerade mal eine Minute?«, »Wie mache ich denn…?«, »Chef, ich habe hier ein Problem« … Dutzende solcher »mal-zwischendurch«-Fragen bestimmen unseren Alltag als Unternehmer.

Dieses Szenario kennst du sicherlich. Das ist bei den meisten Unternehmern so. Und genau deshalb sollten wir diese Abhängigkeit von uns, die Zwergenzucht, beenden. Ganz dringend. Dazu brauchen wir »nur« Menschen in die Lage zu versetzen, ihre alltäglichen Probleme selbstständig zu lösen. Wenn wir unsere Mitarbeiter weiter klein und unselbständig halten, werden sie immer wieder weiter zu uns kommen, um nach Hilfe zu fragen. Je größer wir sie machen, desto weniger brauchen sie uns fragen zu kommen.

Sicher geht es dir ähnlich. Wenn ich im Sekundentakt aus meinen unternehmerischen Aufgaben gerissen werde, bin ich am Abend völlig leer und genervt. Kommt dir das bekannt vor? Anstatt leer oder zumindest deutlich kürzer zu sein, ist unsere To-Do-Liste deutlich länger geworden. Alle gehen zufrieden nach Hause – außer uns Chefs. Deine eigentlichen Arbeiten beginnst du erst, wenn alle gegangen sind und du in Ruhe etwas erledigen kannst.

Es hat bei mir fünf Jahre gedauert, aus unserem Unternehmen – ich nenne es einmal Zwergen-Zucht – einen Platz für Wachstum zu machen. Nennen wir es Riesen-Aufzucht-Station. Mein Vater hat damals unsere Leute nicht bewusst klein gehalten, sondern aus bestem Willen heraus gehandelt. Er hat einfach immer alle auflaufenden Probleme und Entscheidungen mit vollem Einsatz selbst gelöst. Kaum tauchte ein Problem auf, wurde es bereits vom Chef gelöst. Warum sollten sich die Mitarbeiter selbst bemühen, wenn der Chef es gerne und sehr gut selbst erledigt?

Dieses Muster findet sich überall. An dieser Stelle sind wir zu nett. Das ist für alle sehr bequem. Die meisten Unternehmen tappen in diese Falle.

Wir helfen schnell bei aktuellen Problemen, anstatt unsere Leute dauerhaft dazu zu befähigen, ihre alltäglichen Herausforderungen eigenständig zu lösen. In der Medizin würde man sagen, wir unterdrücken Symptome statt die Ursachen abzustellen. Es hat lange gedauert, bis sich meine Mitarbeiter getraut haben, selbstständig Entscheidungen zu treffen. Die Angst, Fehler zu machen, war groß.

»Seid nicht feige, Leute! Lasst mich hinter‘n Baum«

Mein Führungsprinzip Nummer 2

Diese Zeile aus der Ballade *Des Pudels Kern* (1974) von Ulrich Roskis hat sich bei mir eingeprägt. Sie drückt perfekt aus, worum es geht: Wenn wir unsere Leute groß und entscheidungsstark machen wollen, sollten wir genau so führen. Es war nicht einfach, das konsequent umzusetzen. Das Prinzip ist grundsätzlich sehr einfach: Anstatt die Antwort auf eine gestellte Frage zu geben oder das Problem für den Mitarbeitenden zu lösen, stellen wir einfach die Frage: »Wie würdest DU es lösen?«

Das löst anfangs Verwunderung und später auch schon mal Verärgerung aus. Letztendlich macht es deine Mitarbeiter stolz, weil sie in der Lage sind, Dinge selbst zu lösen und nicht mehr nachfragen müssen.

Meine Leute konnten mit jedem Problem zu mir kommen. Die Spielregel lautete: Bringe mindestens zwei Lösungsideen mit und überlege, welche der beiden Ideen aus deiner Sicht die bessere Lösung wäre. Am Anfang haben sie mich dafür wirklich gehasst. Es war anstrengend für sie. Und sie hatten Angst, Fehler zu machen. Manches lag außerhalb ihrer Komfortzone. Niemand hat Freude daran, Kunden anzurufen und Reklamationen abzulehnen – ich definitiv auch nicht. Es ist auch definitiv nicht unsere Aufgabe als Unternehmer, die schwierigen Dinge für unsere Mitarbeitenden zu lösen, für die sie bezahlt werden. Unsere Aufgabe ist es, sie zu Profis zu machen, die das souverän beherrschen.

Menschen wachsen durch ihre Erfolge, also habe ich sie ihre Lösungen selbst finden lassen. Nur große Menschen halten uns den Rücken frei. Für die anderen erledigen wir die Arbeit, obwohl wir sie eigentlich für diese Aufgaben bezahlen. Was hält sie bisher davon ab, Entscheidungen selbständig zu treffen oder Problem eigenständig zu lösen? Bequemlichkeit ist es nicht. Es ist die Angst, etwas falsch zu machen. Die Angst vor Fehlern hindert sie daran. Deshalb habe ich zwei Prinzipien eingeführt, um ihnen den Rücken freizuhalten und sie groß zu machen.

Das erste Prinzip ist: Passierte Fehler werden niemals von mir beim Kunden korrigiert. Wirklich niemals. Das darf nicht passieren. Meine Mitarbeiter müssen die absolute Sicherheit haben, dass ich sie niemals bei Kunden »bloßstelle«. Ich würde beispielsweise niemals »als Chef« eine Kondition nachbessern, die sie einem Kunden angeboten haben. Ich widerrufe keine Entscheidung meiner Mitarbeitenden. Auf keinen Fall. Intern können wir alles offen diskutieren und auch getroffene Entscheidungen wieder verwerfen. Nach außen kann das nur der Mitarbeiter seinem Kunden verkünden. Gesichtsverlust muss auf jeden Fall vermieden werden. Wir stellen niemanden bloß. Darauf müssen sich alle zu 150 Prozent verlassen können. In diesem Punkt dürfen wir als Chefs tatsächliche keine Fehler machen.

Das zweite Prinzip, um meinen Mitarbeitenden den Rücken freizuhalten, ist ebenfalls einfach: In der zweiten Welle holen wir uns gemeinsam jede blutige Nase, die jetzt nötig ist. Wenn sich meine Mitarbeiter wirklich engagiert haben, aber mit ihrer Lösung nicht erfolgreich waren und mich deshalb erneut nach Unterstützung fragen, lösen wir es gemeinsam. Es macht keine Freude, sich von Spediteuren oder Autohausinhabern anschreien zu lassen, weil unser Vorlieferant eine Reklamation berechtigt ablehnt. Dann fahren wir gemeinsam noch einmal hin und lösen das Problem – oder auch nicht.

Der Grundsatz lautet: 150 Prozent Rückendeckung. Darauf ist Verlass. Der Lernerfolg für die Mitarbeiter ist das Maß der Dinge. Auch wenn ich manches Mal das vermeintliche Problem noch lösen konnte, ging es immer darum, daraus abzuleiten, wie sie es das nächste Mal selbst schaffen können. Das eigene Ego als Chef darf dabei keine Rolle spielen.

»Und wenn ich dabei einen Fehler mache?« Fehler werden nicht billiger, wenn wir als Chef sie machen. Sie werden nur viel teurer. Je größer deine Leute werden, desto weniger musst du selbst erledigen. Alles, was deine Mitarbeiter entscheiden können, musst du nicht mehr selbst entscheiden. Die Grundangst vor Fehlern sitzt tief. Bei uns hat es fünf Jahre gedauert, bis aus der Angst Stolz wurde, es selbst zu können. Das ist hier in wenigen Zeilen locker beschrieben. Im Tagesgeschäft ist das harte Arbeit.

Auch wenn es lange dauert und dich viel Überwindung kostet, ist es für deine zeitliche Freiheit der nachhaltigste Hebel. Du kannst langfristig 99,99 Prozent der Aufgaben von deinen Leuten erledigen lassen, wenn du sie groß gemacht hast. Schaffe die Zwergen-Zucht ab und werde zur Aufzuchtstation für Riesen.

Fragen an dich:

- Wie viele Entscheidungen treffen deine Mitarbeiter eigenständig?
- Wie viel Rückendeckung haben deine Mitarbeiter? Wie sicher sind sie sich, dass du sie nicht vor anderen bloßstellst?
- Wie weit trauen sie sich, Fehler zu machen und daraus zu lernen?
- Wie viel Zeit, Geld und Energie geht aufgrund der Angst vor Fehlern und dem Bestreben, Fehler krampfhaft zu vermeiden, verloren?

Führung ist einfach.
Suche dir die besten Leute.
Fördere sie.
Fordere sie.
Vertraue ihnen.
Und dann mach das Allerwichtigste:
Geh einfach aus dem Weg.

– aus BrandEins –

Mein Führungsprinzip Nummer 3

Kapitel 19
Warum du deinen Führungskräften Raum geben solltest – Das CO2-Prinzip

Gas dehnt sich immer so weit aus, wie es der Raum zulässt. Das gleiche trifft auf deine Führungskräfte zu. Dieses Co2-Prinzip kannst du zum Führungsprinzip machen. Je weiter du die Grenzen steckst, desto mehr können sich deine Leute ausdehnen. Sie werden immer den Raum einnehmen, den du ihnen lässt.

Auf dem Weg zur 1-Tage-Woche ist es essenziell, eine Führungskultur und Führungsstruktur zu entwickeln, die ohne unsere direkte Einmischung funktioniert. Die klassische Hierarchie mit einer zweiten Führungsebene war mein Weg dorthin. Andere befreundete Unternehmer haben das anders gelöst. Stephan Heiler, Inhaber der Heiler Glas GmbH, hat beispielsweise ein Glasbau-Unternehmen mit 60 Mitarbeitenden. Er hat alle Führungsebenen einfach abgeschafft. Sein Ansatz ist es, dass sich die Menschen selbst organisieren, sofern sie dafür den notwendigen Freiraum bekommen. In wechselnden Projektgruppen – ohne hierarchische Führungskräfte. Das hat mich sehr beeindruckt. Für Stephan ist es nun die konsequente Folge, die GmbH in eine Genossenschaft umzuwandeln, an der sich alle Mitarbeitenden beteiligen können. Die Idee der eG (eingetragene Genossenschaft) ist während eines Workshops mit Stephan entstanden, bei dem wir über die beste und sicherste langfristige Rechtform-Struktur für alle Beteiligten gesprochen haben.

Wir haben den Mitarbeitenden die Idee vorgestellt, wie sie sich leicht über die Form der Genossenschaft an der Firma beteiligen und mitbestimmen können. Stephan möchte sie nicht nur in Führungs- und Entscheidungsprozesse einbeziehen, sondern auch am Eigentum beteiligen. Das stieß bei allen Mitarbeitenden auf sehr positive Resonanz. Den bisherigen Weg mit all seinen Höhen und Tiefen hat Stephan in seinem Buch *Chef sein? Lieber was bewegen! – Warum wir keine Führungskräfte mehr brauchen*[20] beeindruckend dargestellt.

Gunnar Barghorn ist ein Stahlbau-Unternehmer, der sich ausschließlich um seine ca. 100 Mitarbeitenden kümmert. Alles, was mit den Kunden zu tun hat, überlässt er seinen Leuten. Sein Prinzip ist einfach: Gunnar konzentriert sich nur auf seine Mitarbeitenden, während die sich ausschließlich um ihre Kunden kümmern. Diese klare Aufgabenverteilung ermöglicht eine unkomplizierte Vorgehensweise. In seinem Buch *Der Humanunternehmer: Neue Leichtigkeit für Unternehmen*[21] bietet er sehr praktische Ratschläge für die Umsetzung dieses Ansatzes. Mit beiden Unternehmern habe ich Interviews geführt und sie in meinem Podcast veröffentlicht.[22,23] Wir drei haben eines gemeinsam: Der Tagesalltag liegt vollständig in den Händen unserer Mitarbeitenden. Wir haben ihnen den nötigen Raum gegeben, den sie selbst ausfüllen – ähnlich dem CO2-Prinzip. Das macht uns unabhängig von unserer persönlichen Anwesenheit. Die komplette Organisation ist konsequent darauf ausgerichtet, dass der Chef im Tagesgeschäft nicht mehr gebraucht wird.

Die Parallelen in unseren drei Unternehmergeschichten zeigen, dass die 1-Tage-Woche funktioniert, wenn der Unternehmer es wirklich will und seinen Mitarbeitern den entsprechenden Raum gibt. Alle drei sind wir Fans und Umsetzer der weiter vorne erwähnten EKS-Strategie. Das ist sicher kein Zufall. Bei der EKS steht immer(!) der Nutzen im Vordergrund. Unser unternehmerischer Antrieb ist es, Mehrfach-Gewinner-Modelle zu schaffen, die uns im Tagesgeschäft überflüssig machen. Wir entkoppeln den Lauf des Geschäfts und unsere eigene Zeit. Dabei kümmern wir uns um strategische Ausrichtung und die Unternehmenskultur. Das Tagesgeschäft überlassen wir unseren Mitarbeitenden.

Fragen an dich:

- Wie soll dein Unternehmen auf Dauer geführt werden?
- Welche Art von Führung entspricht dir persönlich am besten?
- Mit welcher Führung kannst du die Potenziale deiner Leute am besten entfalten?
- Wie viel Raum willst du deinen Mitarbeitern geben?
- Wo wirst du im Tagesalltag noch gebraucht?

Kapitel 20
Ist die Firma verkaufbar? – Der finanzielle Wert der 1-Tage-Woche

Ich war auf dem Heimweg aus Koblenz in die Pfalz. Das Telefon klingelte. Unbekannte Nummer. Ich ging trotzdem ran. Der Anrufer stellte sich als Unternehmensberater vor und fragte mich ohne lange Umschweife, ob ich mir vorstellen könne, mein Unternehmen zu verkaufen. Konnte ich.

Nur sechs Wochen nach diesem Anruf wechselte das Unternehmen am Freitag, den 13. April 2001, in neue Hände. Zu diesem Zeitpunkt war ich gerade einmal 39 Jahre alt geworden. Die anstrengenden Jahre hatten sich gelohnt. Mein Ziel, ab 40 nicht mehr arbeiten zu »müssen«, sondern nur noch »freiwillig« zu arbeiten, hatte ich erreicht. Einigermaßen vernünftig angelegt, würden selbst drei Prozent Zinsen für ein fünfstelliges Monatseinkommen reichen. Was wollte ich also mehr?

Aktuell suchen 600.000 Unternehmen in Deutschland einen Nachfolger. Erfolglos. Selbst, wenn die Ertragssituation passt, sind Investoren nicht bereit, Unternehmen zu kaufen, die am Unternehmer hängen. Sobald die Frage nach der Abhängigkeit vom Unternehmer mit Ja beantwortet wird, fallen sie von der Kaufliste. Auch Familienmitglieder und Mitarbeitende scheuen vor einer Übernahme zurück, wenn sie das hohe Stresslevel des Unternehmers kennen und selbst nicht in ein solches Hamsterrad geraten möchten.

Viele Jahre nach dem Verkauf ist mir erst der finanzielle Wert der 1-Tage-Woche bewusst geworden: Mein Unternehmen war verkaufbar. Die meisten anderen Unternehmen sind es nicht. Der Verkauf meines Unternehmens innerhalb von sechs Wochen funktionierte nur deshalb so schnell, weil alle operativen Aufgaben schon länger und bewährt in guten Händen lagen. Die 23 Mitarbeitenden mit ihren vier Bereichsleitern waren eingespielt. Der neue Inhaber brauchte lediglich einen neuen Geschäftsführer einzusetzen. Der Betrieb konnte sofort störungsfrei weiterlaufen – solange der Übernehmer/Käufer keine gravierenden Fehler machte (Was er leider gemacht hat. Dazu kommen wir später.)

Strategische Käufer sind immer auf der Suche nach interessanten Übernahmekandidaten, um sich in spannende Märkte oder Zielgruppen einzukaufen. Sie sind in der Regel bereit, das fünf- bis sechsfache des Jahresergebnisses als Kaufpreis zu zahlen. Immer vorausgesetzt, dass das operative Tagesgeschäft losgelöst vom bisherigen Inhaber läuft. Wenn Übernehmer oder Käufer erst einmal einige Jahre die Kultur umbauen müssten, ist der Kauf uninteressant. Er hätte zu viel Risiko und ein zu hohes Stress-Potenzial.

Fragen an dich:

- Rechne einmal für dich, um einen groben Wert für dein Unternehmen zu erhalten: Wie hoch ist der Ertrag deines Unternehmens? Wie hoch ist dein Gehalt bzw. deine Entnahmen? Addiere beides und multipliziere die Summe mit sechs. Für den Moment reicht dieser Wert, um das Prinzip zu verdeutlichen. Spezialisten für Unternehmensbewertungen berücksichtigen Auf- und Abschläge, um den realistischen Wert eines Unternehmens zu ermitteln. Machen wir eine Beispielrechnung: Dein Gewinn beträgt seit einigen Jahren 300.000 Euro. Du gönnst dir ein Gehalt von 200.000 Euro. Das heißt, du erwirtschaftest jedes Jahr 500.000 Euro, die ein Käufer auch zur Verfügung hätte. Er möchte das Unternehmen in fünf bis sechs Jahren bezahlt haben. Deshalb wird er bereit sein, das sechsfache zu bezahlen. Er wird dir drei Millionen Euro bieten.
  - Du bekommst 100 Prozent dieses Unternehmens-Wertes, wenn dein Unternehmen unabhängig von deiner Anwesenheit weiterläuft. Das ist möglich, weil du früh genug die 1-Tage-Woche für dich realisiert hast.
  - Du bekommst vielleicht 50 Prozent, wenn du in zwei bis drei Jahren in der Lage bist, dich herauszuorganisieren. Deshalb lohnt es sich, beim Herausorganisieren richtig Gas zu geben, wenn du in den nächsten Jahren den von dir geschaffenen finanziellen Wert deines Unternehmens zu 100 Prozent – und nicht nur zu 50 Prozent -realisieren möchtest.

- Du bekommst 0 Prozent des eigentlichen Wertes deines Unternehmens, wenn es weiter an dir hängt – »Ein teurer Spaß«

 Den Preis deines Hamsterrads kennst du jetzt im doppelten Sinne: Du kennst den zeitlichen Preis und weißt, welchen Stress du jeden Tag hast. Und du kennst den finanziellen Preis deines Hamsterrads, weil du den finanziellen Wert deines Unternehmens nicht bezahlt bekommen wirst.

- Die wichtigste Frage an dieser Stelle ist: Wie willst du auf Dauer leben? Wenn du die Freiheit haben möchtest, irgendwann zu verkaufen und den Wert deines Lebenswerks auch finanziell zu realisieren, empfiehlt es sich, dich zügig herauszuorganisieren. Mit der 1-Tage-Woche kannst du so lange freiwillig kommen, wie du Freude daran hast, und dich irgendwann einfach zurückziehen, ohne finanziell oder zeitlich gebunden zu sein.

In Verhandlungen mit potenziellen Käufern oder Übernehmern bist du in der Pole-Position. Hängt der Erfolg deines Unternehmens weiter an deiner Präsenz, sagen dir andere, was dein Unternehmen wert ist. Im schlechtesten Fall hast du Jahrzehnte umsonst Zeit, Nerven, Lebensziele und Gesundheit geopfert. Wichtig ist, zu realisieren, welche finanziellen Auswirkungen deine Entscheidung am Ende haben wird. Meine ganz persönliche Empfehlung an dieser Stelle des Buches ist, über all diese Informationen nachzudenken und sie sacken zu lassen.

Kapitel 21

Und wer sind Sie? – Wertvernichtung in drei Sekunden.

»Und wer sind Sie?« Diese abfällige Frage richtete sich an Siggi, während eine 1,95 Meter große, massige Gestalt fragend auf ihn herabblickte. Ohne ein Wort zu sagen, drehte sich Siggi um, nahm den Autoschlüssel und fuhr mit seinem mokkametallic-farbenen 5er BMW-Kombi vom Hof. Es war Freitag, der 13. April 2001, gegen 10:00 Uhr. Am Montag darauf kam seine Krankmeldung: Bandscheibenvorfall. Siggi kam nie mehr wieder.

In der Gelenkwellen-Werkstatt hatte Siggi über viele Jahre hinweg sein eigenes Reich geschaffen und war zu Recht sehr stolz auf das, was er dort geschaffen hatte. Vor seiner Zeit bei uns war er nur einer von vielen Meistern in einer kleinen Schiffswerft am Rhein. Bei uns erhielt er den Raum und die Wertschätzung, die er verdiente. Diese gegenseitige Wertschätzung war stets spürbar, bis zu jenem verhängnisvollen Moment. »Und wer sind Sie?« – Diese Frage hatte alles ruiniert. In nur drei Sekunden wurde Siggi klar, dass hier nicht mehr sein Platz war. Er entschied sich, lieber sofort zu gehen. Mit diesem Auftritt hatte der neue Geschäftsführer in nur drei Sekunden ein siebenstelliges Investment vernichtet. Er war einfach – ohne Ankündigung und ohne Begleitung – in die gerade gekaufte Gelenkwellenfertigung gegangen, hatte sich vor Siggi aufgebaut und ihm diese völlig herablassende dämliche Frage gestellt.

Drei Jahre und sieben Prozesse später war die Übernahme schließlich beendet. Der Käufer hatte mich auf Kaufpreisminderung verklagt. Und ich verklagte ihn auf Erfüllung des Kaufvertrages. Neben diesem einen selten dämlichen Auftritt hatten sie auch noch andere strategische Fehler gemacht. Ich erwähne das in diesem Buch, damit du die Chance hast, solche Zeit- und Geldvernichtungs-Runden zu vermeiden.

Mir wurde schmerzhaft bewusst, dass meine eigene Haltung – immer den Nutzen für andere erhöhen – mich davon abhielt, zu erkennen, dass nicht alle Unternehmer so denken. In unserer Denkblase waren wir sehr erfolgreich. Deshalb hatten wir auch auf der Kaufliste gestanden. Die Käufer hatten sich nur auf die Zahlen konzentriert und nicht verstanden, warum unser Unternehmen so erfolgreich war. Die Ursache des Erfolgs – die Menschen in unserem Unternehmen – waren ihnen völlig egal. Es zählten nur noch die Zahlen. Zuerst wurden die Kosten reduziert. Alle hatten bei uns Firmenwagen, Zusatzleistungen, Boni, gesunde Mittagessen, geschäftliche und private Kreditkarten, freie Kindergartenplätze, flexible Arbeitszeiten. Diese wurden nun zügig abgeschafft. Die Idee, die Lebensziele der Mitarbeitenden zur Firmenzielen zu machen, hatte beim Käufer niemand verstanden. Wunschauto, Wunscharbeitszeit, Wunschgehälter war für den Käufer »alles Humbug«. Dieser teure betriebswirtschaftliche Unsinn wurde sofort abgeschafft.

Als nächstes wurde die Kultur der Zwergen-Zucht wieder eingeführt, getreu dem Motto: »Die Leute sollen nicht denken, sie sollen arbeiten«. Für jede – auch noch so kleine – Entscheidung mussten die neuen Inhaber gefragt werden. Alle Freiheiten wurden abgeschafft, alle Details akribisch kontrolliert. Die »großen« Mitarbeiter haben sofort gekündigt. Sie hatten die freie Wahl bei allen Wettbewerbern im Umfeld. Unsere Leute waren sehr beliebt. Die wenigen Zwerge sind geblieben. Alle versanken wieder in den früher üblichen Stress. Das Hamsterrad tobte, der Umsatz fiel schnell auf unter ein Drittel zurück und sank stetig weiter. Wenige Jahre später dreht sich der Schlüssel zum letzten Mal. Heute befindet sich ein Fliesen-Fachgeschäft in den Räumen.

Aus dieser Geschichte können wir viel lernen. Sie zeigt, wie filigran solche Systeme sind. Ich hatte mir nicht vorstellen können, dass jemand ein Erfolgssystem kauft und dann als erstes die Erfolgsfaktoren dafür abschafft. Ich unterlag dem Irrglauben, sie hätten das Unternehmen des Erfolgsmodells wegen gekauft. Sie hatten es nur der Ertragszahlen wegen erworben und gar nicht verstanden, warum die Zahlen bei uns besser als bei anderen waren.

Die Geschichte zeigt auch sehr deutlich, wie wesentlich der Erfolg eines Unternehmens von der Haltung des Unternehmers und der Wertschätzung für die Mitarbeiter abhängt. Sie zeigt sehr klar, dass man im gleichen Markt deutlich erfolgreicher sein kann als die Wettbewerber, weil man mit der eigenen – nutzenorientierten – Haltung genau diese Menschen anzieht. Und sie zeigt umgekehrt, wie schnell eine destruktive Haltung, die den Erfolgsfaktor Mensch vernachlässigt, ein erfolgreiches System schnell ruinieren. Ich hatte immer den Wert der Menschen gesehen. Andere nur die Kosten. Das sind wohl 180 Grad Unterschied. Die 1-Tage-Woche für Unternehmer, die Leichtigkeit des Unternehmerseins und die persönliche, zeitliche und unternehmerische Freiheit hängen – aus meiner Sicht – zu 100 Prozent von der Haltung des Unternehmers ab.

Fragen an dich:

- Was hast du für dich aus diesem Kapitel erkannt?
- Was ist dir zu deiner Haltung klar geworden?
- Wie siehst du deine Mitarbeitenden als Wert- oder als Kosten-Faktor für dein Unternehmen?

Man möchte leben,
ohne zu altern,
aber man altert in Wirklichkeit,
ohne zu leben.

– Alexander Mitscherlich –

Abschnitt 3: Die 1-Tage-Woche weiter ausbauen

Es lief. Ich hatte frei. Meine vier Bereichsleiter hatten den Betriebsalltag völlig im Griff. Jetzt galt es, die 1-Tage-Woche zu stabilisieren und auszubauen. Wir kommen historisch noch einmal in die tollen Jahre vor dem Verkauf zurück. Was kannst du bereits jetzt in deinem Unternehmen tun, um diesen Status schneller zu erreichen? Es sind die vielen »kleinen«, grundlegenden Dinge, die einen großen Unterschied ausmachen.

In diesem Abschnitt werden wir einige Aspekte beleuchten, die eigentlich selbstverständlich sein sollten, aber die im Tagesgeschäft oft nicht beachtet werden. Oft denkt man einfach nicht darüber nach und passt sie deshalb auch nicht an. Schließlich waren sie schon immer so. Im Wesentlichen geht es darum, alles Mögliche zu tun, um den Weg freizumachen, damit unsere Mitarbeitenden und nicht wir alle Aufgaben erledigen können. Wir wollen, wie der Gutsverwalter, »alle Arbeiten so verteilen, dass keine übrig bleibt.« Deswegen habe ich Führungsprinzip Nummer 3 einige Seiten zuvor vorgestellt: »*Geh einfach aus dem Weg*« könnte möglicherweise der größte Sprung aus deiner bisherigen Komfortzone sein.

Unsere Rolle verändert sich. Wir nehmen unseren Einfluss auf die Gestaltung des gesamten Systems stärker wahr. Im Tagesgeschäft sind wir nicht mehr wichtig. Unsere Bedeutung liegt nun im Schaffen der Rahmenbedingungen für das gesamte Unternehmen, nicht mehr in unserer Arbeit im Tagesgeschäft. Und wenn du – so wie ich damals – plötzlich Geld und Zeit hast, lohnt es sich, über deine langfristige Strategie nachzudenken und zu überlegen, was du in deinem Leben verwirklichen möchtest. Wie möchtest du leben? Mit was, wozu, wie, wo und mit wem willst du deine Zeit verbringen?

Diese Fragen habe ich mir damals nicht gestellt. Das habe ich damals versäumt und bin deshalb gleich in das nächste Hamsterrad gestiegen. Dazu später mehr. Auch aus diesem Hamsterrad 2.0 bin ich wieder ausgebrochen. Es gibt offensichtlich nur wenige Unternehmer, die es geschafft haben, sich einmal zu befreien, und noch weniger, die es zweimal geschafft haben – in sehr unterschiedlichen Konstellationen.

Wenn du also die Bücher der großen Gurus liest oder ihre Kurse besuchst, dann hinterfrage einfach, wie oft sie ihre Lehren bereits selbst erfolgreich umgesetzt haben. Ein Kollege lästerte neulich: »Früher hieß es: Wer nicht wird, wird Wirt. Heute ist es so: Wer nichts kann, wird Coach.« Das ist sicher nicht ganz übertrieben. Die berechtigte Frage an alle Wegbegleiter, Trainer, Coaches etc. ist, welche Expertise sie in ihrer eigenen Unternehmergeschichte schon erfolgreich umgesetzt haben.

Genau solche Beispiele schauen wir uns im weiteren Verlauf an. Es sind eigene Beispiele und die von befreundeten Unternehmern. Sie sind bewährt und erprobt. Probiere sie für dich aus und du wirst feststellen, dass sie auch für dich zu deiner zeitlichen Freiheit beitragen. Aus den Puzzlesteinen entsteht dein ganzes Bild.

Kapitel 22
Warum du besser wie ein Aufsichtsratsvorsitzender denkst: CEO versus ARV

Wir arbeiten einfach gerne und viel. Gerne sind wir operativ tätig, mitten im Geschehen. Schließlich sind wir Chefs, Unternehmer und Macher. Wir wollen etwas bewegen. Wir bewegen deutlich mehr, wenn wir unsere Rolle ändern: Als Geschäftsführer oder Unternehmer sind wir – von unserem Rollenverständnis her – sehr operativ im Tagesgeschäft unterwegs. Allerdings birgt genau diese operative Ausrichtung die Gefahr, dass wir sehr schnell ins Hamsterrad zurückfallen.

Stellen wir uns einmal vor, wir würden wie ein Aufsichtsratsvorsitzender denken und handeln. Lass uns von anderen lernen: Viele große Unternehmer übernehmen diese Rolle. Sie sind Mehrheitsaktionär und lenken als Aufsichtsratsvorsitzender die Geschicke ihres Unternehmens über ihre Geschäftsführer oder Vorstände. Sie bestimmen die Strategie und die Kultur. Sie sind die eigentlichen »Bestimmer«.

Genau das ist unsere neue Position, nur in kleinerem Maßstab. Auf unseren Visitenkarten steht weiterhin Gesellschafter, Geschäftsführer oder Inhaber. Unsere Mitarbeiter sind weiterhin Bereichsleitung oder ähnliches. Doch nehmen wir jetzt einfach die Denk- und Handlungsweise eines Aufsichtsratsvorsitzenden an.

Vor ein paar Jahren habe ich eine Genossenschaft gegründet, die dafür sorgen sollte, dass Unternehmer ihren Mitarbeitenden die Möglichkeit bieten sollten, deutlich günstiger Elektroautos über die Firma als privat bezahlte Verbrenner zu fahren. Leider waren wir ein paar Jahre zu früh. Diese Genossenschaft haben wir 2020 wieder aufgelöst.

Mein damaliger Aufsichtsratsvorsitzender war selbst lange Vorstand in einer großen Genossenschaft und nebenbei Aufsichtsrat in mehreren größeren Familienunternehmen. Irgendwann nahm er mich zur Seite, um mit mir unsere Rollen zu erklären. Der Begriff »Aufsichtsrat« besteht aus Aufsicht und Rat. Er hat die *Aufsicht* und steht mir mit seinem *Rat* zur Verfügung. Diese Denkweise habe ich sofort verstanden und so machen wir das jetzt auch. Wir sind ja als Inhaber unserer Firmen genau in der gleichen Position. Wir haben die Aufsicht und stehen unseren Führungskräften mit unserem Rat zur Verfügung. Diese Perspektive ist die beste Startposition für deine dauerhaft funktionierende 1-Tage-Woche.

Arbeiten lassen, statt selbst arbeiten zu müssen

In unserer Rolle als »Aufsichtsratsvorsitzende« setzen wir die Rahmenbedingungen. Wir bestimmen die Strategie und die Kultur. Wir vertreten die Interessen der Aktionäre. Das sind in den meisten Fällen wir selbst. In deinem Unternehmen bist du der »Hauptaktionär« und vertrittst deine eigenen Interessen. Die operative Umsetzung überlassen wir den Menschen, die wir für diese Aufgabe voller Vertrauen und Zutrauen engagiert haben.

Das verschafft uns die nötige Luft und den Abstand zum operativen Tagesgeschäft. Gleichzeitig verpflichtet es uns, langfristig zu denken. Über den Wert des Unternehmens haben wir bereits nachgedacht. Die Position des Aufsichtsratsvorsitzenden und das Kapital sind leicht zu übernehmen. Wenn wir das operative Tagesgeschäft in den Händen guter Leute lassen, machst du dich für Übernehmer und potenzielle Nachfolger sehr attraktiv.

Fragen an dich:

- Welche Rolle hast du gerade inne?
- Was würde sich sofort ändern, wenn du wie ein Aufsichtsratsvorsitzender denken und handeln würdest?
- Wie verändert sich dann dein Blick auf dein Unternehmen?

Man sollte nie so viel zu tun haben,
dass man zum Nachdenken
keine Zeit mehr hat.

– Georg Christoph Lichtenberg –

Kapitel 23
»No Rules«: Minimiere alle Regeln - Regeln versus Prinzipien

Bahnstrecken unter 100 Kilometern sollen mit 2.Klasse-Tickets befahren werden. Bei Geschäftsessen werden Vorspeise, Hauptspeise, Nachspeise und ein alkoholisches Getränk übernommen. Ab einer Wassertiefe von 1,20 Meter hat der Soldat eigenständig mit Schwimmbewegungen zu beginnen. Der Antrag ist mit drei Durchschlägen anzufertigen.

Du kennst solche netten Regeln. Sie nerven schon beim Lesen und sind eine Qual im Alltag, Sowohl für dich als auch für deine Leute. Schaffe sie möglichst vollständig ab – zum Wohle aller. Hinter Regeln stehen oft Misstrauen und ein negatives Menschenbild. Regeln sind gut für eine Zwergenzucht und für schnelle Hamsterräder. Zu allem Unglück kannst du gar nicht so schnell nachregulieren, wie die Regeln umgangen werden. Deshalb verzichte lieber auf dieses negative Menschenbild und die dazu notwendigen Regeln. Wenn du von einem positiven Menschenbild ausgehst, reichen einige wenige Prinzipien aus.

Prinzipien basieren auf einem positiven Menschenbild, in dem Vertrauen und Zutrauen eine große Rolle spielen. Menschen sind in der Lage, anhand der Prinzipien richtige Entscheidungen zu treffen. Prinzipien schaffen großartige Menschen, fördern eigenständige Entscheidungen, geben Rückendeckung und schaffen Raum für menschliches Wachstum. Alle Regeln, die du durch Prinzipien ersetzen kannst, solltest du getrost abschaffen. Ein gutes Prinzip, das viele Regeln ersetzt, könnte lauten: »Handele immer im Sinne des Unternehmensziels.«

Ein Beispiel hierfür zeigt der Unternehmerkollege Gunnar Barghorn. Er hat das in seinem 100-Mann Stahlbauunternehmen exzellent umgesetzt. Früher gab es solche üblichen Regeln wie: Eine Ausgabe von bis zu 100 Euro entscheidet der Mitarbeiter, eine Ausgabe von bis zu 1.000 Euro der Vorgesetzte, eine bis zu 5.000 Euro der Bereichsleiter etc. Bei Gunnar ist das anders. Er überlässt den Mitarbeitern die Entscheidung und erlaubt ihnen, Ausgaben zu begründen und dann völlig eigenständig zu treffen. Wenn Unsicherheit besteht, können sie sich mit anderen beraten. Sie müssen es nicht. Letzten Endes entscheiden sie selbst.

Alle Mitarbeitenden werden am Gesamtertrag beteiligt. Deshalb kennen auch alle die Kalkulation jedes einzelnen Projekts. Wenn der Hundert-Tonnen-Kran für 10.000 Euro am Tag gebraucht wird, bestellt ihn der Monteur. Fertig. Er denkt schließlich unternehmerisch, weil er Einblick in Kalkulation hat und am Ertrag beteiligt ist. Wenn ein Werkzeug bei der Montage kaputt geht, besorgt sich der Monteur eigenständig ein neues, damit er schnell mit seiner Arbeit fortfahren kann, und reicht die Rechnung einfach ein. Fertig. Es gibt keinen langwierigen Weg über einen Zentraleinkauf. Die Leute entscheiden und handeln wie »richtige Erwachsene«. In seinem Buch *Der Humanunternehmer*[24] beschreibt er seine eindrückliche Unternehmergeschichte. Im Interview zu meinem Podcast hatten wir so viel Spaß, dass es eine Doppelfolge geworden ist.[25]

Ein ähnliches Vorgehen lebt auch Maurice Teltscher in seinem IT-Unternehmen. In unserem Interview[26] erzählt Maurice, wie sie die Kultur von Netflix nahezu 1:1 umsetzen. Das Buch *Keine Regeln: Warum Netflix so erfolgreich ist*[27] offenbart eine völlig andere Kultur als man sie von anderen amerikanischen – rein Quartalsergebnis getriebenen – Unternehmen kennt.

Auch bei Netflix wurden Regeln durch Prinzipien ersetzt. Sie setzen auf minimale Kontrolle und maximales Vertrauen. Mitarbeiter können sogar über ihre Führungskräfte hinweg entscheiden, wenn sie von einem Projekt überzeugt sind. Der Schlüssel ist das Vertrauen in die Menschen. Große Menschen schaffen Freiräume für alle, vor allem auch für uns Chefs. Je größer und selbständiger deine Leute sind, desto mehr zeitlichen Freiraum gewinnst du. Deine Haltung ist der wesentliche Erfolgsfaktor für deinen Erfolg – auch und erst recht bei deiner zeitlichen Freiheit. Die zielführende Haltung ist die Nutzenmaximierung, nicht die Gewinnmaximierung.

Beispielhaft ist auch Stephan Heiler. Bei Heiler-Glas werden Entscheidungen immer gemeinsam mit den Menschen getroffen, die von diesen Entscheidungen betroffen sind. Jeder überlegt, wer von einer Entscheidung betroffen wäre, und bezieht diese Personen mit ein. Fertig. Alle anderen gewähren ihnen einen Vertrauensvorschuss.

Fragen an dich:

- Welche Regeln gibt es in deinem Unternehmen?
- Welche Prinzipien könntest du stattdessen anwenden?
- Wie ist dein Menschenbild dahinter?
- Wie laufen Entscheidungen aktuell in deinem Unternehmen? Wann und wie wirst du eingebunden?
- Wie sicher können sich deine Mitarbeiter bei Fehlentscheidungen fühlen?

Kontrolle ist gut.
Vertrauen ist besser.

Kapitel 24
Licht und Schatten von Vertrauen – Die 3in1-Regel

Warum stand denn da ein Recaro-Sitz auf unserer Einkaufsrechnung? Sportsitze führten wir doch gar nicht im Sortiment. Bei einem Streckengeschäft hätte eine Lieferscheinnummer, eine Kundennummer oder wenigstens der Name des Kunden auf dem Beleg gestanden. Ich erstellte eine Kopie der Rechnung und bat meine Assistenz herauszufinden, für wen dieser Sportsitz bestellt wurde.

Inzwischen waren drei Wochen vergangen. Ich hatte noch immer kein Ergebnis. Als ich eines morgens auf den Parkplatz fuhr, sah ich aus dem Augenwinkel in einem der privaten Mitarbeiterautos einen Recaro-Sitz. Zufall? Bestimmt nicht. Unsere Putzfrau wusste immer über alles Bescheid. Ich bat sie herauszufinden, wie dieser Sitz in das Auto gekommen ist. Zehn Minuten später konnte ich die passende Werkstatt anrufen und nachfragen, warum wir noch keine Rechnung für den Einbau des Sportsitzes bekommen hatten. Die Antwort hat mich verblüfft. Es würde keine Rechnung geben, weil der Kollege den Einbau direkt vor Ort mit Bremsbelägen bezahlt hatte.

Das reichte mir als Beweis. Ich habe den Kollegen gleich in mein Büro eingeladen und direkt gefragt, wie sich das denn erklären würde. Fünf Minuten später räumte er seinen Schreibtisch leer, gab die Schlüssel ab und »durfte« sich sein Zeugnis noch selbst schreiben. Ich habe nie Lust auf Arbeitsgerichte. Solche Zeitfresser verderben mir nur die Stimmung. Ich habe es als Lehrgeld ausgebucht. Schade. Fertig. Erledigt.

Die meisten Mitarbeitenden schätzten mein Vorvertrauen. Einige wenige sahen auch darin Freiräume, sich über das vereinbarte Maß hinaus selbst zu bedienen. In den 18 Jahren ist es genau dreimal vorgekommen, dass ich Menschen nach Hause schicken musste, weil sie nicht zwischen »Mein« und »Dein« unterscheiden konnten. Für sie bedeutete Vertrauen keine gegenseitige Verantwortung, sondern eine Einladung zur Selbstbedienung. Da ich nicht oft vor Ort war, gab es viele Freiräume ohne

Kontrolle. Das Prinzip war klar: Wer betrügt, fliegt raus. Hier galt das 3in1-Prinzip: Es ist das erste, einzige und letzte Mal, dass jemand dem Unternehmen unvereinbart in die Tasche greift. Hier gab es definitiv keine zweite Chance. Bei Fehlern gewährten wir großzügige Unterstützung: Hier galt 150 Prozent Rückendeckung. Doch bei Vorsatz wie Diebstahl, Betrug und Ähnlichem gab es nur eine Konsequenz: Game Over.

Klare Zeichen setzen, klare Konsequenzen ziehen. Ich habe die drei nie angezeigt. Der Stress bei Gericht etc. hätte mich zu viel Lebenszeit gekostet.

In vielen Unternehmen gilt: Vertrauen ist gut, Kontrolle ist besser. Bei uns war es andersherum. Hier galt: Kontrolle ist gut. Vertrauen ist besser. Kontrolle ist völlig in Ordnung. Es ist völlig in Ordnung, wenn ich mir als Unternehmer die Einkaufsrechnungen ansehe. Doch es ist nicht in Ordnung, wenn ich dabei den besagten Recaro-Sitz finde. Ich suche nicht bewusst nach Fehlern, ich möchte einfach nur wissen, was los ist.

Was mich noch mehr geärgert hat als der Vorsatz, war die Enttäuschung, dass der Typ nicht vorher mit dem Wunsch zu mir gekommen ist. Wir hätten einen korrekten Weg gefunden. Wie immer. Du siehst an diesem Beispiel, dass nicht jeder versteht, wie das mit dem »Lebensziele der Mitarbeiter zu Firmenzielen machen« gemeint ist. Wir haben faire und klare Vereinbarungen getroffen, Abläufe festgelegt und Absprachen getroffen. Dabei ist es völlig legitim, immer wieder zu überprüfen, ob diese eingehalten werden. Kontrolle ist gut.

Viel besser ist es, wenn ich darauf vertrauen kann, dass ich gar nicht kontrollieren muss. Es hat ja niemand etwas zu verbergen. Fehler passieren und können korrigiert werden. Wenn Vertrauen missbraucht wird, gilt es, konsequent zu handeln – vor allem zum Schutz der anderen.

Diese Vorgehensweise hatte ich jedem neuen Mitarbeiter bereits vor der Einstellung angekündigt. Sie gehörte zu unsere Unternehmenskultur: Jeder erhielt 150 Prozent Rückendeckung und 100 Prozent Vertrauensvorschuss – eine Kultur, die wertgeschätzt werden sollte, wenn man Teil unseres Teams sein und bleiben wollte.

Fragen an dich:

- Wie handhabst du Vertrauen und Kontrolle in deinem Unternehmen?
- Wie gehst du mit Vertrauensbrüchen um?
- Wie hast du die Spielregeln klargestellt?

Better done than perfect.
Besser erledigt als perfekt.

Kapitel 25
Auch Unternehmeraufgaben abgeben – Besser erledigt als perfekt

Time-System, *Trello*, *MeisterTask* und andere wunderbare Systeme füllen sich mit unseren Aufgaben, einschließlich unserer Unternehmeraufgaben. Wenn diese Aufgaben leicht wären, hätten wir sie nicht selbst auf unserer ToDo-Liste. Viele Chef-Aufgaben möchten wir einfach selbst erledigen und geben sie bewusst nicht ab. Leider wird dadurch unsere Aufgaben-Liste immer länger, und die wichtigen Unternehmeraufgaben werden immer wieder aufgeschoben oder nicht rechtzeitig erledigt, weil wir darauf bestehen, sie persönlich zu erledigen. Die Idee lautet: Gib auch diese Aufgaben einfach ab und folge dem Grundsatz: »Better done than perfect« (»Besser gleich erledigt als perfekt erledigt«).

Pareto hat wie immer recht, auch bei Unternehmeraufgaben. Es reicht oft aus, sie zu 80 Prozent zu erledigen, als sie zu 100 Prozent unerledigt zu lassen. Es mag sein, dass wir manche Aufgaben besser erledigen könnten als unsere Mitarbeitenden, und was hilft es, wenn wir sie am Ende selbst nicht erledigen? Also gib auch die Unternehmeraufgaben, die du immer wieder vor dir herschiebst, an andere ab.

Erstens, damit sie erledigt werden, und zweitens, damit unsere Mitarbeitenden daran wachsen können. Wir wollen keine Mitarbeiter, die Zwerge bleiben, sondern wir möchten, dass sie wachsen und sich weiterentwickeln, auch an den Aufgaben, die wir ursprünglich für uns vorgesehen hatten. Es macht Menschen stolz und größer, wenn wir ihnen verantwortungsvolle Aufgaben zutrauen.

Es ist erstaunlich, wie gut Dinge erledigt werden, wenn wir loslassen. Wenn unsere zweite Führungsebene auch unsere Chef-Aufgaben übernehmen kann, wird es für alle besser. Die Unternehmen werden wertvoller, die Leute stolzer und deine freie Zeit mehr. Große Leute sind wertvoller als kleine. Wir erweitern unsere zeitliche Freiheit und zeitliche Unabhängigkeit und ermöglichen gleichzeitig unseren Mitarbeitern, an diesen Aufgaben zu wachsen.

Und ganz nebenbei: Unser persönlich wichtigster Kunde ist unser potenzieller Nachfolger. Ob wir ihn schon kennen oder noch nicht. Wir sollten immer so handeln, so planen und so gestalten, dass wir morgen übergeben könnten, wenn heute jemand übernehmen möchte. Wenn wir einfach morgen den Schlüssel übergeben könnten und alles ohne uns weiterlaufen würde, dann haben wir einen guten Unternehmer-Job gemacht.

Ein Beispiel: Einer meiner Coachees hat über 40 Mitarbeitende in seinem Heizung-Sanitär-Betrieb. Wenn er beginnt, Aufgaben an seine Meister zu übertragen, würden die ja auf Dauer überlastet. Also stellt sich die Frage, welche Meister-Aufgaben sie an die Altgesellen abgeben können. Danach stellt sich die Frage, welche Aufgaben der Altgesellen die Jungen Gesellen übernehmen können.

Das Ziel ist, das Know-how und die Verantwortung auf möglichst viele Schultern im Unternehmen zu verteilen und nicht in wenigen Köpfen an der Spitze zu konzentrieren. Alle sollten durchgängig fitter sein als der Wettbewerber. Dazu macht es ganz viel Sinn, die Potentiale und Fähigkeiten nicht nur in der Führungsspitze auszubauen, sondern alle Mitarbeitenden möglichst breit und tief zu befähigen, auch anspruchsvolle Aufgaben zu beherrschen. So werden Unternehmen für alle lebenswerter, attraktiver und wertvoller, einschließlich deines Unternehmens. »Better done than perfect« Je besser deine Mitarbeitenden werden, desto mehr zeitliche Freiheit gewinnst du.

Fragen an dich:

- Welche Unternehmeraufgaben kannst du an wen abgeben, damit sie besser gleich als perfekt erledigt werden?
- Wie kannst du deine Mitarbeitenden in der Breite befähigen? Welche Aufgaben können deine besten Leute an andere abgeben, damit sich nach und nach der Wert der Aufgaben auf mehr Schultern verteilt und alle mehr ihre Potenziale entfalten?

Lieber verdiene ich ein Prozent an 100 Leuten mit,
als 100 Prozent an dem, was ich selbst arbeiten muss.

– Henry Ford –

Kapitel 26
Keine Angst vor Kündigungen – Lasse los und beteilige die Besten

»Und was ist, wenn meine besten Leute dann woanders hingehen? Oder sich selbständig machen?« Diese Fragen beschäftigen viele, und aus Angst davor, die besten Leute zu verlieren, machen sie sie gar nicht erst groß. Zurück zur Zwergenzucht? Lieber nicht. Mache deine Leute groß und lasse sie los. Vertraue. Es ist wie in der Liebe. Wenn du klammerst, machst du sie kaputt. Dann wirst du verlieren. Vertraue.

So ist es auch mit deinen besten Leuten. Sie bleiben freiwillig. Ganz einfach, weil es woanders nicht besser ist. Lass sie ziehen und gib ihnen die Möglichkeit, Erfahrungen an anderen Orten zu sammeln. Dann können sie auch wieder zurückkommen. Freiwillig. Druck erzeugt nur Gegendruck. Lade sie ein, sich permanent weiterzuentwickeln. Lasse sie innerlich los und gönne ihnen, dass sie ihre Potenziale und ihre Lebensziele durch dich besser erreichen können. Dann können sie entscheiden, ob sie bleiben oder gehen und gerne wiederkommen möchten.

Du findest Wege, gute Menschen in deinem Umfeld zu halten. Ob sie sich als Angestellte engagieren oder sich mit deiner Hilfe ausgründen. Oder du beteiligst sie dauerhaft an deinem Unternehmen. Wenn das Vertrauen und das Zutrauen gegenseitig vorhanden sind, können alle nur gewinnen. Als Unternehmer arbeitest du idealerweise ohnehin an deinem Unternehmen und du denkst und handelst wie ein Aufsichtsratsvorsitzender. Daher siehst du auch die Chance im Ausgründen und Beteiligen. So steigt der Wert für alle noch weiter an.

Es gibt ja bekanntlich für alles schöne Zitate. Henry Ford soll einmal gesagt haben: »Lieber verdiene ich ein Prozent an 100 Leuten mit, als 100 Prozent an dem, was ich selbst arbeiten muss.«

Es ist immens wichtig, immer Mehrfach-Gewinner-Modelle zu finden, von denen alle auf Dauer profitieren. Diese Haltung macht den Unterschied.

Die Alternative zum damaligen Verkauf meines Unternehmens wäre die Expansion gewesen. Ich hatte mir schon die Option auf ein Grundstück im Großraum Mannheim gesichert, um dort eine weitere LKW-Gelenkwellen-Werkstatt aufzubauen. Meine Marktstudien hatten im Großraum Mannheim-Ludwigshafen sowie im Großraum Trier-Luxemburg eine extrem hohe Dichte an LKW-Betrieben, Speditionen etc. als potenzielle Gelenkwellen- und Kupplungs-Kunden ergeben. Die Wettbewerber hatte ich mir angeschaut und dabei auch sehr gute Chancen für uns gesehen. Mit über 50 Prozent Rohmarge war dieser Bereich unsere Cashcow.

Der Erfolgsfaktor dabei war Siggi, der Leiter unserer LKW-Gelenkwellen-Fertigung. Bei dieser satten Rohmarge würden wir beide extrem profitieren, wenn ich ihn zum Partner machen würde. Er hätte nicht das Geld, ich hätte nicht das Know-how. Für beide zusammen würde es wertschätzend funktionieren.

Die Option für das eine Grundstück, wieder direkt neben einer *Daimler-Benz*-Niederlassung, hatte ich bereits. Siggi war schon mit mir auf dem Gewerbeamt, um die gemeinsame Tochterfirma anzumelden – dann kam der Anruf des späteren Käufers. Das hat für alle das Spiel geändert. Wir hatten uns auf eine 70/30 Prozent Beteiligung geeinigt. Bis 51/49 Prozent wäre ich mitgegangen. Warum auch nicht. Je mehr die Menschen im »eigenen« Unternehmen arbeiten, desto mehr Hebelwirkung haben wir für unsere Zeit.

Im Projekt *Blaue Werkstätten* hätten wir genau diese Konstellation für junge Kfz-Meister angeboten, die sich über diesen Weg schnell ihre »eigene« freie Kfz-Werkstatt aufgebaut hätten – mit uns als 100 Prozent Lieferant. Sie reparieren, wir liefern, lagern, servicen, verwalten – jeder bei seinen Stärken. Den Autoteile Großhandel hätte ich im übernächsten Schritt in eine kleine AG gewandelt und den Mitarbeitenden Anteile angeboten. Nach heutigem Stand würde ich dafür definitiv eine »eG – eingetragene Genossenschaft« als Rechtsform nehmen.

Ein befreundetes Unternehmen geht gerade diesen Schritt. Die 70 Handwerker in diesem Spezialunternehmen für Lösungen mit Glas können sich bald, so hoch sie wollen, am dann eigenen Unternehmen beteiligen. Die Kultur dafür haben sie sich lange erarbeitet. Die Haltung des schon erwähnten Unternehmers Stephan Heiler ist völlig klar. Er bietet seinen Mitarbeitenden den Raum für Entwicklung und stabilisiert so das Unternehmen in der Breite. Das macht es für alle sicherer.

Diese Ideen sind kein »Muss«. Es sind einfach gute Optionen für alle, das gemeinsame Wachstum, die Potenziale und die unternehmerischen Möglichkeiten kooperativer auszuleben. Wenn du an zehn Ausgründungen mit je zehn Prozent beteiligt wärst, hättest du ohne eigene weitere Arbeit dein Know-how vergoldet. Dann hat es sich für dich richtig gelohnt, deine Leute groß gemacht zu haben. Deine Angst, die guten Leuten würden schnell gehen, kannst du beruhigt aufgeben. Finde einfach Möglichkeiten für deine besten Leute, wie sie mit dir zusammen ihre Lebensziele realisieren können, und beteilige dich daran. Oder beteilige sie direkt oder indirekt an deinem Unternehmen. Das öffnet für alle neue Horizonte und schafft dir massiv zeitliche und finanzielle Freiräume. Du schaffst dir Zeit und hebst dein passives Einkommen.

Fragen an dich:

- Wie stark sind deine Befürchtungen, dass die besten deiner Leute gehen würden?
- Wie kannst du sie an deinem Unternehmen beteiligen?
- Wie kannst du dich an ihnen beteiligen?
- Welche Konstellation würde deine Haltung und ihr Know-how auf Dauer für alle zu einem stabilen Mehrfach-Gewinner-Modell machen?

Leckerlis gibt es ab sofort
nur noch auf der Spur,
die wir gelegt haben.

– Ulrich Zimmermann –

Kapitel 27
Leckerlis gibt es nur noch auf der Spur, die wir legen – Aufmerksamkeit und Zeitdiebe

»Du, Chef. Wir haben da ein riesiges Problem ...« Zehn Minuten später weißt du alle Details in epischer Breite. Es gibt Mitarbeitende, die ein echtes Talent dafür haben, permanent Probleme an Stellen zu sehen, die andere schon lange gelöst haben. Sie kommen mit großer Geste und wichtiger Miene. Sie kennen jedes Detail und jedes Mal hängt schier die Zukunft des gesamten Unternehmens an genau »ihrem« riesigen Problem.

Es scheint so, als ob sie das Konzept »Wer am lautesten schreit, bekommt die meiste Schokolade« aus dem Kindergarten übernommen und beibehalten hätten. Je mehr Probleme diese Mitarbeitenden aufwerfen, desto engagierter erscheinen sie und desto mehr Zeit bekommen sie von dir als Chef. Je mehr Zeit sie mit dir verbringen, desto höher ist ihr Status im Unternehmen. Wie in der Gorilla-Sippe: Wer nahe beim Chef ist, hat den höheren Rang.

Genau das ist das eigentliche »Problem«. Zeit ist unser wertvollstes Gut und die wertvollste Währung. Diese Mitarbeitenden sind unbeabsichtigt echte Zeitdiebe, einfach aus (schlechter) Gewohnheit. Es gilt, diesen zeitraubenden Teufelskreis sehr schnell und entschlossen zu durchbrechen. Unsere wertvolle Zeit verbringen wir besser mit den Menschen, die unsere Ziele und Strategien am besten umsetzen – nicht mit denen, die die meisten Probleme auf unseren Tisch werfen. Verbringe deine Zeit – statuserhöhend – mit den »Guten«. Mit denen, die die Herausforderungen erfolgreich selbst lösen.

Das Bedürfnis nach Anerkennung und Wertschätzung ist völlig normal. Auch der Wunsch, Zeit mit dir als Chef zu verbringen, um den Status im Unternehmen zu erhöhen, ist nachvollziehbar. Es ist ja kein böser Vorsatz. Genau deshalb können wir diese Zeiträuber auch leicht einsammeln. Auf Dauer gewöhnen wir uns besser konsequent an, Erfolge zu feiern, Menschen zu loben und Zeit mit denen zu verbringen, die Erfolg im Sinne unserer Zielsetzungen und unserer Wunschkultur erzielen.

Wir bleiben »Bienen« – konsequent. Den aufgeworfenen Problemen, so wichtig sie auch scheinen mögen, schenken wir immer weniger Aufmerksamkeit. Wir bleiben ganz konsequent dabei, uns Probleme nur dann noch anzuhören, wenn diejenigen gleich ein bis zwei Lösungsalternativen mitbringen. Die Umsetzung überlassen wir dann auch in deren Verantwortung. Wir mischen uns möglichst wenig in die Lösung ein. Am besten überhaupt nicht.

Auch wenn es sich jetzt abfällig anhören mag: »Leckerlis« gibt es ab sofort nur noch auf der Strecke, die wir gelegt haben. Also für das gewünschte Verhalten, das wir fördern möchten. Jeder, der Tiere daheim hat, weiß, dass man mit dem Belohnen des gewünschten Verhaltens viel erfolgreicher ist als mit dem Bestrafen unliebsamer Angewohnheiten. »Leckerlis« haben ihre Wirkung. Und wir sollten gut überlegen, welche Wirkung wir persönlich erzielen wollen und welche »Leckerlis« wir wann für was verteilen.

Unsere wertvollste Währung ist Zeit. Wenn wir Zeit mit unseren Leuten verbringen wollen, dann sollten wir überlegen, was für beide Seiten von Vorteil ist. Authentisch und ehrlich. Eine Idee ist es, gemeinsame Aktivitäten zu nutzen, um Dinge zu besprechen. Ich persönlich gehe gerne wandern, also lade ich Menschen ein, mit mir eine Runde durch den Wald zu gehen. Bewerbungsgespräche, Führungsgespräche, auch Gespräche mit potenziellen Kooperationspartnern führe ich gerne draußen, beim Gehen auf Augenhöhe, Schulter an Schulter, mit Blick nach vorne. Das bringt mir persönlich viel mehr als bei Kaffee und Keksen im Besprechungsraum.

Es lohnt sich, gute Zeiten zu nutzen und sie zu feiern. Manche Wochen laufen gut, andere nicht, manche einfach grandios. Nutze die grandiosen Wochen für spontane Anerkennung. Wir fanden z.B. eine spontane Fahrt nach Köln in die Altstadt immer gut. Das braucht kaum Vorbereitung und tut allen gut. Am beliebtesten waren Grillfeste. Hartmut und Sabine liefen dabei immer zu Hochform auf. Ich brauchte nur noch zum Grillfest kommen und loben. Alles andere war perfekt organisiert. Ich musste eigentlich nur den richtigen Zeitpunkt abpassen, wann es sehr gut gelaufen war, die Stimmung gut war und mit der Einladung zum Grillen noch eins obendrauf setzen.

Fragen an dich:

- Wer verdient es, deine wertvolle Zeit zu bekommen? Mit wem solltest du mehr und mit wem weniger oder am besten gar keine Zeit mehr verbringen?
- Wer wirft gerne Probleme auf, um an deine Zeit zu kommen?
- Wie kannst du das umdrehen?
- Womit und wie kannst du deine Leute belohnen?
- Woran habt ihr alle Spaß, wenn ihr gemeinsam Zeit verbringt?
- Welche »Leckerlis« willst du auf welche Spur legen?
- Welches Wunschverhalten möchtest du mit deiner Zeit belohnen?

Kapitel 28
Mitarbeiter binden oder Wegbegleiter einladen – Dein Unternehmen als Einladung

»Do gehst ma raus. Stellst di vor dein Loadn und frogst di: Wuist du doo orbeitn?« Auf breitestem Bayrisch gab Dieter Funk im Interview[28] den Nummer-Eins-Tipp für die Hörer meines Unternehmer-Podcasts *für die VR-Bank Starnberg*. Thema dieser Folge war die Attraktivität als Arbeitgeber. Dieter ist Inhaber der *Funk Brillen-Manufaktur*. Mit 70 Menschen an vier Standorten fertigen sie exklusive Brillen in Handarbeit.

Er sucht schon lange keine Optiker mehr, sondern Menschen, die Spaß daran haben, handwerklich in einem kreativen Team etwas zu bewegen. Er ist als Arbeitgeber extrem attraktiv für Menschen, die mit viel Freiheit, locker, entspannt, und dabei sehr präzise arbeiten wollen. Sein Unternehmen zieht Menschen aus allen Branchen an, die handwerklich präzise feinmotorisch arbeiten können. Die wenigsten sind Optiker.

Unser Interview für den Unternehmer-Podcast der VR-Bank Starnberg hat uns sehr viel Spaß gemacht. Dieter Funks Tipp Nummer 1 am Ende des Podcasts ist, sich vor das eigene Unternehmen zu stellen und sich die selbstkritische Frage zu stellen: »Würdest du dort arbeiten wollen?« Die Frage ist gut. Sehr gut sogar. Sie bringt es auf den Punkt. Wann stellen wir uns denn diese Frage? Sie ist so schön grundsätzlich. Für wen sind wir denn attraktiv? Und warum sollten denn die Leute gerade bei uns arbeiten wollen?

Kommen wir noch einmal zurück zu den »Leckerlis« aus dem vorangegangenen Kapitel.

- Für wen würdest du denn gerne »Leckerlis« auslegen?
- Wer sind denn deine Wunschmitarbeiter?
- Welche Menschen passen am besten zu dir und deinem Unternehmen?
- Mit welcher Haltung gehen wir das Thema Mitarbeitende an?

Hier holt uns wieder ein Denkfehler ein: Wir denken auch hier aus dem Mangel und nicht aus dem Nutzen. Extrem viele Unternehmer suchen händeringend gute Leute und finden keine, weil sie aus dem Mangel heraus denken, dass sie jemanden brauchen. Ihr Mangel, ihre leere Arbeitsstelle, ihr Problem. Es geht nicht um die Leute, sondern um das unternehmenseigene Problem. Sie denken aus dem Mangel.

Drehen wir diese Denkweise einmal um. Denken aus dem Nutzen. Wir ändern die Haltung und denken aus dem Überfluss: Wie wäre es, dein Unternehmen als Einladung zu sehen? Dein Unternehmen als Einladung an Menschen, die in einem Umfeld tätig werden wollen, das sie unterstützt, ihre Lebensziele leichter und besser zu erreichen.

Ja, du hast richtig gelesen: Wir machen die Lebensziele unserer Leute zu Firmenzielen. Wie viele Menschen würden ein Umfeld wertschätzen, in dem ihre Lebensziele zu Firmenzielen werden? Wie viele würden kommen und nie mehr woanders hingehen wollen, weil es solche Unternehmen zu selten gibt.

Die Haltungsfrage zieht sich durch. Natürlich macht unsere Haltung wieder den Unterschied. Die großen Unternehmen denken in HR – Human Resources. Also menschlichen Reserven, die auszubeuten sind. Nomen est Omen. Der Name ist Bestimmung. Allein der Begriff »HR-Human Resource« ist eine Beleidigung für nutzenorientiert denkende Menschen. Natürlich werden an dieser Stelle alle ehrlichen HR-ler beschwören, dass es anders gemeint ist. Ist es in der Regel nicht. Ausnahmen bestätigen sicher die Regel. Die Haltung hinter der HR-Denkweise ist: Wie muss ich die Menschen entwickeln, dass sie produktiver für das Unternehmen werden? Die Haltung, zu der ich dich einlade, ist 180 Grad andersherum: Wie musst du dein Unternehmen entwickeln, damit es für Menschen attraktiver wird, um deren Lebensziele leichter und sicherer zu erreichen?

Es geht nicht um die Arbeitskräfte, die du brauchst, sondern um den Raum für Entwicklung, den diese Menschen für sich und ihre Lebensziele in deiner Firma bekommen. Menschen verbringen große Teile ihrer Lebenszeit in deiner Firma. Und auch du verbringst große Teile deiner Lebenszeit gemeinsam mit deinen Leuten.

Es ist fast wie in einer Ehe. Was ist die gemeinsame Basis dazu auf Dauer? Was macht diese Beziehung nachhaltig attraktiv? Warum passt es so gut zueinander? Mit wem möchtest du deine Lebenszeit verbringen? Wen möchtest du als Wegbegleiter in dein Leben einladen? Für wen bist du als Wegbegleiter in deren Leben attraktiv? Lade Wegbegleiter ein, die durch das Engagement in deinem Unternehmen ihre Lebensziele besser erreichen wollen. Für sich, für andere und damit sehr engagiert für die Ziele deiner Firma.

Ich konnte mir die Besten im Markt aussuchen und hatte keinen Mangel. Die Leute kamen auf uns zu. Die meisten aus dem persönlichen Umfeld unserer Mitarbeiter.

Fragen an dich:

- Worauf fokussierst du dich: auf den Mangel »Gute Leute finden« oder auf den Nutzen, in und mit deinem Unternehmen, die Lebensziele der Leute leichter erreichbar zu machen?
- Was würden Menschen verpassen, wenn sie nicht bei dir arbeiten? Warum sollen sie unbedingt bei dir arbeiten wollen?
- Mit wem möchtest du deine Lebenszeit verbringen? Wen möchtest du als Wegbegleiter einladen?

Kapitel 29
Alles was dich erfüllt: drei Arten von Zeit – Lifetime-Balance

Arbeit ist Aua. Freizeit nicht. In den Plantagen Südamerikas wurden die Sklaven mit einer dreischwänzigen Peitsche angetrieben. Sie hieß »Tripalium«. Im Spanischen entstand daraus der Begriff »Trabajo«, aus dem sich unser Wort »Arbeit« ableitet.[29] Arbeit ist also eine Tätigkeit, die man wider seinen Willen ausführt. Arbeit ist die Zeit mit Schmerzen, wenn die dreischwänzige Peitsche knallt. Arbeit ist Aua. Freizeit nicht. Freizeit ist die Zeit, wenn es nicht mehr weh tut. Die Zeit, wenn man machen kann, was man selbst will.

Diese Aussage mag sehr provokativ klingen, aber für die allermeisten Menschen ist das die Realität. Vor der Einführung der Plantagen und der Sklaverei gab es in Südamerika den Begriff der Arbeit nicht. Man beschrieb das, was man gerade tat: Fischen, Jagen, Kochen, Holz sammeln. Ohne Wertung. Es gab keine Unterscheidungen zwischen guten Tätigkeiten wie Hobbys und schlechten wie Arbeit.

Der Begriff »Work-Life-Balance« verfestigt genau diesen Umstand in den Köpfen. Arbeit und Leben werden getrennt. Das macht überhaupt keinen Sinn. Weder für dich auf dem Weg zu deiner zeitlichen Freiheit noch für deine Leute. Dafür ist die Lebenszeit zu kostbar. Das Leben findet immer statt. Es macht keinen Sinn, in gute und schlechte Zeit zu trennen. Es macht viel mehr Sinn, seine Zeit im Hier und Jetzt bewusst einzusetzen. Man könnte auch sagen, seine Zeit bewusst zu investieren.

Bei Geld überlegen alle immer, ob es ihnen die Ausgabe wert ist: »Bekomme ich einen Wert für mein Geld?« »Bekomme ich einen Wert für meine Zeit«, wäre die angemessene Frage. Wer zur Arbeit geht oder nur seinen Job macht, um Geld zu verdienen, tauscht seine Zeit gegen Geld. Geld, das er dann in der restlichen Lebenszeit ausgeben kann. Das ist das Grundkonzept des Hamsterrads. Nach diesem »Zeit-gegen-Geld-tauschen«-Prinzip leben Milliarden Menschen. Du bald nicht mehr.

Wir Unternehmer-Menschen haben die Wahl. Zum Glück können wir für uns und unsere Leute einen großen Unterschied machen. Lass uns doch zuerst die Begriffe »Arbeit« und »Work-Life-Balance« aus unserem Sprachgebrauch streichen. Warum sollten wir diese wenig zielführende Fehlprogrammierung unseres Denkens fortsetzen? Lass uns eine andere Denk-Kultur in unseren Unternehmen einführen, die nicht auf den Wurzeln der Sklaverei beruht. Rutger Bregman – ein niederländischer Historiker und Visionär – beschreibt in seinem Buch *Im Grunde gut – eine neue Geschichte der Menschheit*[30] ein anderes Menschenbild.

Das klassische Modell der Arbeit geht von faulen Menschen aus, die zur Arbeit gepeitscht werden müssen. Die meisten Führungsmodelle beruhen auf dieser Haltung. Rutger Bregman beschreibt erfrischend anders eine völlig neue Sichtweise. »De meeste Mensen deugen« ist der Originaltitel. Wie wäre es, wenn wir von diesem Weltbild ausgingen? Die meisten Menschen taugen etwas. Im Grunde genommen sind sie gut. Dann brauchen wir in unseren Unternehmen nur noch die richtigen Randbedingungen dafür schaffen, damit sie ihre Potenziale bei uns entfalten können. Du erinnerst dich: »Der Galopp ist in jedem Pferd schon drin. Du musst ihn nur rauslassen.«

Wenn wir diese Grundeinstellung mit Leben füllen, ziehen wir diese Art von Menschen magnetisch an. Wir werden zu den attraktivsten Unternehmen für die besten Leute. Unsere Unternehmen sind dann Räume, in denen Menschen sich voll einbringen. Hier gehen sie ihrer Berufung nach, indem sie für andere etwas Wertvolles schaffen. Es gibt dann viele Gründe, bei uns statt woanders ihre Potenziale zu entfalten. Je mehr Menschen das in deinem Unternehmen tun, desto weniger musst du »arbeiten« und desto erfüllter wirst du leben.

Das Konzept der 1-Tage-Woche ist – wie du in den letzten Kapiteln bereits verstanden hast – eine Geschichte in unseren Köpfen. Sie basiert auf Haltung, Freiheit, Denkmustern, Menschenbild und Begrifflichkeiten. Die zeitliche Freiheit ist im Wesentlichen eine Frage unseres Mindsets. Dein Mindset ist der Haupthebel auf dem Weg zu deiner unternehmerischen zeitlichen Freiheit. Wie wäre es für dich mit folgender Unterscheidung von Zeit? Vielleicht magst du sie auch übernehmen.

Ich habe die Unterscheidung zwischen Arbeit und Nicht-Arbeit aufgegeben. Für mich gibt es drei Arten von Tätigkeiten, mit denen ich meine Zeit verbringe:

1. Die einen machen Spaß und ich werde auch noch dafür bezahlt – z. B. meine Wander-Coachings mit Unternehmern wie dir.
2. Die anderen machen Spaß und kosten mich Geld – z. B. Skifahren.
3. Und die dritten mache ich einfach so – z. B. unsere Pferde füttern und misten.

Im Rheinland geht man »auf die Arbeit«, im Badischen geht man »ins Geschäft«. Andere gehen »ins Büro«, »zum Schaffen« oder »auf Maloche«. Diese Begriffe programmieren uns schon von Beginn an negativ. Sie sind nicht neutral. »Im Urlaub«, »am Strand« oder »auf Reisen« hört sich besser an. Ich bin nie »auf der Arbeit«. Stattdessen bin ich im Training, beim Coaching, im Meeting, bei einem Vortrag, im Gespräch, …

Fragen an dich:

- Wie sprichst du über Arbeit? Wie unterscheidest du deine Zeit?
- Wie denken und fühlen das deine Leute? Wie denkt ihr zu Arbeit und Freizeit?
- Wie magst du deine Zeit unterteilen? Was könntest du statt des Begriffs »Arbeit« verwenden?

Argwöhnisch wacht der Mensch über alles,
was ihm gehört.
Nur die Zeit lässt er sich stehlen,
am meisten vom Fernsehen.

– Linus Pauling –

Kapitel 30
Seine Stärken kennen und die vergolden – Nachhaltig Zeit haben

»Was schreibst du eigentlich an Honorar auf deine Rechnungen für eine Stunde Beratung?«

»250 Euro«

»Und warum räumst du dann selbst die Büroküche auf?«

»Weil ich es schneller selbst gemacht habe, als jemanden dafür zu fragen.«

Eine gerne genommene 1A-Hamsterrad-Falle. Meine Coachee ist Fachanwältin für Erbrecht und bald auch für Steuerrecht. Sie liebt ihren Beruf, insbesondere das Anfertigen von Schriftsätzen, in denen sie für Erb-Gerechtigkeit in Familien kämpft. Frieden und Gerechtigkeit rund ums Erben und Vererben sind ihre Leidenschaft. Am liebsten in Harmonie und zur Not mit richtigem Kampf. Obwohl der Markt für Erb-Streitereien riesig ist, hat sie – wie jeder von uns – permanent mit alltäglichen Dingen zu kämpfen, wie EDV-Problemen, einer unaufgeräumten *Küche im Büro* und dem Organisieren eines Umzugs. Für eine einzige von ihr an Mandanten abgerechnete Stunde könnte sie eine 520-Euro-Kraft einen halben Monat lang für diese Aufgaben beschäftigen. Der Break-even-Point, um Aufgaben, die sie definitiv nicht gerne macht, an andere weiterzugeben, liegt zwischen 250 und 500 Euro pro Stunde. Das wird bei dir nicht anders sein. Bei mir ist es das auch nicht.

Wir gehen zum Arzt, zum Steuerberater und zu anderen Spezialisten, die, in unseren Augen, Aufgaben besser erledigen können als wir selbst. Wenn wir uns zeitliche Freiheit ausbauen wollen, macht es Sinn, dieses Prinzip konsequent auf alles in unserem Leben auszuweiten. Die Idee ist, die eigenen Stärken zu vergolden und die Zeit für Dinge zu haben, die wir lieben und können, indem wir konsequent die Aufgaben abgeben, die andere besser erledigen können. Selbst wenn wir in der gleichen Zeit z. B. ein IT-Problem selbst gelöst und die 100 Euro für diese Stunde gespart hätten, haben wir eine Stunde unserer Zeit in eine Aufgabe investiert, die – zumindest mir – keinen Spaß gemacht hat, keine Erfüllung gebracht hat und von der ich auch noch weiß, dass der Spezialist das Problem auch noch deutlich besser gelöst hätte. Wir verlieren Zeit und andere Einnahmen. Deutlich besser für alle wäre es, wenn wir uns konsequent auf unsere Stärken konzentrieren, damit wir Nutzen für andere stiften. Diese Zeit ist gut investiert. Sie erfüllt uns und schafft Einkommen.

Wie erreichen wir das? Indem wir uns diese vier einfachen Fragen beantworten:

1. Was kannst du gut?
2. Was liebst du?
3. Was braucht die Welt?
4. Wofür wirst du bezahlt?

Diese vier Fragen klingen trivial, doch ihre Bedeutung ist tiefgreifend und hat es in sich. Jede Frage allein lässt viel Raum, deshalb widmen wir diesen vier Fragen auch einen ganzen »Hike« (So nennen wir unsere meist dreitägigen Wandercoachings). Nur einmal angenommen, es gelingt dir, die Schnittmenge dieser vier Fragen zu finden und danach zu leben, dann müsstest du im klassischen Sinne nie wieder arbeiten. Dann hättest du für deine Zeit die »Nonplusultra«-Lösung. Erfüllter geht nicht mehr. Du würdest deine Zeit nur noch mit Tätigkeiten verbringen, die genau diesen vier Eigenschaften entsprechen. Du machst, was du liebst, was du gut kannst, was die Welt braucht und wofür du auch noch bezahlt wirst. Du vergoldest deine Zeit. Das würdest du nie mehr aufgeben wollen. Es würde dich erfüllen und zeitlich sowie finanziell befreien.

In einigen Regionen auf der Welt, zum Beispiel in der Nähe von Osaka in Japan, leben viele Menschen, die ihr »Ikigai«[31] gefunden haben und ein erfülltes, langes, gesundes Leben führen. Die Japaner nennen es »Ikigai«, der Autor John Strelecky nennt es in seinem Buch *The big 5 for life* den »Zweck deiner Existenz«[32]. Manche nennen es ihr »Wozu« oder ihren »Purpose«. Wenn du ihn gefunden hast, weißt du, wofür du morgens aufstehst und in was du erfüllend deine Zeit investierst.

Ich mag den Begriff Ikigai. Übersetzt heißt es »Sinn des Lebens«. Warum sollten Menschen, die ihr Ikigai gefunden haben, ihre Tätigkeiten jemals aufgeben? Sie gehen auf in dem was sie tun. Natürlich macht es Sinn, von diesem Konzept zu lernen. Kein Wunder also, dass ich es als zentralen Baustein in mein Jahresprogramm *HIKE&STRIKE – der Weg zur 1TageWoche* aufgenommen habe. Danach kennst auch du dein Ikigai.

In diesem Buch hast du sicher schon erkannt, dass mein Ikigai die unternehmerische Freiheit ist und ich deshalb Unternehmer-Menschen wie dich auf dem Weg zu ihrer zeitlichen Freiheit begleite. Ich kann das, ich liebe das, das braucht die Welt und ich werde dafür bezahlt. Perfekt. Sein Ikigai zu leben, ist ein sehr großer Hebel auf dem Weg zu zeitlicher Freiheit. Die schon erwähnte EKS-Strategielehre von Prof. h.c. Wolfgang Mewes fasziniert mich deshalb, weil sie auf sehr ähnlichen Prinzipien basiert. Der zweite der vier HIKEs im Jahresprogramm steht unter dem Motto »Ikigai meets EKS«. Es macht Sinn, die eigenen Stärken zum Nutzen seines Umfelds konsequent auszubauen und Mehrfach-Gewinner-Modelle zu schaffen.

Im Laufe der Jahre sollten wir herausgefunden haben, was wir besser als andere können, was wir lieben, was die Welt braucht und wofür wir bezahlt werden. Oft sind wir uns dessen nur nicht wirklich bewusst. Wie wäre es, wenn wir uns die Antworten auf diese vier Fragen bewusst machen und nur noch konsequent die Dinge tun, die diesen Kriterien entsprechen? Alles andere – gemeint ist wirklich alles(!) andere – können wir an Menschen abgeben, die an diesen Aufgaben Freude haben, sie besser können und dafür bezahlt werden. Selbst wenn sie das kosten, was du auch verdienen würdest, gewinnst du an freier Zeit. Gönne den anderen dieses Einkommen, und dir selbst deine Zeit. Mit diesem Ansatz gewinnst du richtig viel an Lebensqualität, schaffst dir massiv zeitlichen Freiraum und vergoldest deine Stärken. Verbringe deine Zeit am besten nur noch damit, dein Ikigai zu leben – also mache nur noch die Dinge, die DU gut kannst, die du liebst, die die Welt braucht und für die du bezahlt wirst.

Fragen an dich:

- Was ist dein Ikigai? Dein Sinn des Lebens? Deine Erfüllung? Dein Wozu? Dein Purpose?
- Welche Aufgaben erledigst du noch selbst, die andere besser (und vielleicht auch noch kostengünstiger) bearbeiten können? Beobachte dich

und deinen Arbeitsalltag. Schreibe dir einfach einmal eine Woche lang alle Dinge auf, die andere besser und lieber als du erledigen könnten.

- Wie viel Zeit nehmen diese Aufgaben pro Woche in Anspruch?
- Wie schnell hättest du das Kostenäquivalent dazu verdient, wenn du das machst, was du am besten kannst?

Es ist nicht zu wenig Zeit,
die wir haben,
sondern es ist zu viel Zeit,
die wir nicht nutzen.

– Seneca –

Kapitel 31

Was ich mache mit meiner freien Zeit – Die neue Freiheit

Die Sonne schien und versprach einen schönen Tag. Ich entschied mich spontan, mein Saab-Cabrio zu nehmen und die umliegenden Daimler-Benz-Niederlassungen zu besuchen. Auf halber Strecke nach Koblenz lag die Niederlassung in Mainz. Die haben meines Wissens noch nie etwas bei uns gekauft. Warum eigentlich nicht? Ich fahre mal hin. Ganz entspannt rolle ich auf den Hof. Ich frage mich durch, wer denn für den Einkauf für Gelenkwellen zuständig ist, wenn es wirklich eilig ist.

Das war zum Glück nicht die normale Einkaufsabteilung. Ich erfahre, wie oft ihnen im Tagesalltag »der Kittel brennt«, wenn sie Gelenkwellen nicht schnell genug bekommen können, und übergab dem Ansprechpartner stolz unser 14-minütiges Video über unsere Gelenkwellen-Produktion inklusive unseres 24/7-Notfallservice und versprach, das Video in zwei Wochen wieder abzuholen. Nach nur fünfzehn Minuten verließ ich die Niederlassung, zufrieden mit meinem Besuch.

Was machst du mit deiner freigewordenen Zeit? Darum geht es in diesem Kapitel. An meinen eigenen Beispielen möchte ich dir ein paar Ideen mitgeben, was ich mit meiner Zeit gemacht habe, wenn ich freiwillig arbeitete, es aber nicht mehr musste. Bei der Story mit der Cabrio-Ausfahrt wollte ich das Angenehme mit dem Nützlichen verbinden. Wenn man so entspannt ankommt, ist man auch noch viel gewinnender. Die Leute merken, dass man nicht »muss«, sondern will.

Das erwähnte Image-Video hatte ich damals von einem befreundeten Unternehmerehepaar mit Werbeagentur drehen lassen. Zu der Zeit waren Imagefilme noch wirklich etwas Besonderes. Die Leute nahmen diesen wertvollen Schatz mit nach Hause und haben im Videorecorder die 14 Minuten angeschaut. So konnte ich aus dem Zufall, über welche Themen bei Kunden gesprochen wurden, ein gezieltes System entwickeln. Nach den 14 Minuten wussten potenzielle Kunden, warum sie bei uns Kunde werden sollten. Die Idee funktionierte gut, viele sahen sich das Video bis zum Ende an und wurden dann sofort zu Kunden. Der professionell gemachte Film sparte allen viel Zeit, weil es einfach immer wieder einsetzbar war. Statt immer wieder dasselbe zu erzählen, konnten wir das Video einfach abgeben und nach zwei Wochen wieder einsammeln. Obwohl es damals als teuer galt, bot es die perfekte Grundlage für ein vertiefendes Folgegespräch.

In ähnlich spontaner Weise wie diese Cabrio-Ausfahrt zu potenziellen Kunden besuchte ich auch alle unsere Wettbewerber, um sie kennenzulernen und einschätzen zu können. Oft spielten Kunden uns und unsere Mitbewerber gegeneinander aus, deshalb wollte ich mir selbst ein Bild machen, wer denn genau unsere Wettbewerber waren. Nach und nach habe ich alle besucht. Ich lud mich spontan selbst zu einem Kaffee beim Chef ein und die meisten waren so überrascht, dass sie mir alles zeigten. Ich vereinbarte nie einen Termin, sondern stand einfach vor der Tür. Da wäre es schon sehr rüde gewesen, mir keinen Kaffee anzubieten. 150 Kilometer rund um Koblenz waren wir mittlerweile die absolute Nummer 1 bei LKW-Kupplungen und LKW-Gelenkwellen. Natürlich waren die alle neugierig, wer denn dieser junge Zimmermann mit seinen komischen Ideen ist.

Ich nutzte also meine freie Zeit für die Dinge, die mir wichtig waren, und die ich nie angegangen wäre, wenn ich im Tagesgeschäft eingebunden gewesen wäre. Manche Wettbewerber waren echt gruselig, andere sehr beeindruckend. Ich kannte sie bald alle. Interessanterweise kam zu uns keiner auf einen Besuch. Dafür hatten sie keine Zeit. Hast du die Zeit, deine Wettbewerber persönlich unter die Lupe zu nehmen?

Wenn du deine Gegner nicht besiegen kannst,
mache sie zu Verbündeten.

– Volksweisheit –

Natürlich habe ich im Sinne der EKS-Kooperations-Strategie auch immer nach Synergien gesucht. Es spart viel Zeit, wenn man im Markt kooperiert. Bei einigen haben sich gute Zusammenarbeiten ergeben. Mit einigen haben wir uns bei Lieferengpässen gegenseitig ausgeholfen. Deren Kurierdienst hat deren Ware mit unserem zugeschickten Lieferschein an unseren Kunden ausgeliefert. Und umgekehrt. Das hat allen viel Zeit und Aufwand gespart sowie zum einen den Druck im Markt und zum anderen die Feindschaft untereinander herausgenommen. Man kannte sich und konnte reden. Durch diese entspannte Perspektive ohne Zeitnot konnte ich einen umfassenden Überblick über den Markt und unsere Wettbewerber gewinnen. Ich hatte ja Zeit, um Potenziale bei uns zu erkennen und unsere Argumentation im Markt zu verbessern. Die anderen nicht. Ich habe nichts gegen Arbeiten, allerdings mache ich gerne sinnvolle Sachen – ohne Zwang, ohne Druck, mit Sinn und in Ruhe.

Der Besuch bei Daimler in Mainz war der wahrscheinlich lohnendste Kundentermin meines Lebens. Ich war an einem Mittwoch dort. Bereits am darauffolgenden Freitag lieferten wir ihnen die ersten zwei Gelenkwellen. Danach bestellten sie wöchentlich zwei bis fünf Stück. Sie wurden zu einem unserer besten Kunden.

Mein Außendienst hatte sich nie dorthin getraut, obwohl er jeden zweiten Freitag auf seiner Rhein-Tour dort an der Einfahrt vorbeigefahren war. Diesen Abschnitt habe ich ins Buch aufgenommen, um zu verdeutlichen, welche Freiheit die 1-Tage-Woche gibt und welche Verantwortung ich selbst für die Gestaltung meiner Zeit übernehmen sollte. Es ist einfach, sich hinter angeblich wichtigen Routinen zu verstecken und dann »keine Zeit« zu haben, die Dinge anzugehen, die einen strategisch nach vorne bringen. Ich war nicht im Unternehmen, sondern immer ein Stück daneben auf der Beobachterposition. Nicht wie im Fußball als Spieler auf dem Platz, sondern als Trainer neben dem Spielfeld. Natürlich stellt sich die Frage, womit ich meine Zeit verbringen möchte, dann anders. Bewusster. Gezielter. Strategischer. Im Sinne der EKS-Strategie habe ich mich immer gefragt, wo ich systematisch meine Stärken ausbauen kann bzw. wo wir die Stärken der Firma weiter ausbauen können.

Ich habe dabei immer akkurat darauf geachtet, dass für mich keine neue operative Routine daraus entstand. Ich habe das Videoprojekt angezettelt und Freude daran gehabt, diesen Film drehen zu lassen, um ihn anschließend gezielt unter die Leute zu bringen.

Mir machte es großen Spaß, eine Zeit lang einfach nur die Kunden zu besuchen, die früher einmal viel bei uns gekauft hatten, jetzt aber bei einem Null-Umsatz standen. Außerdem habe ich Zeit mit unseren Azubis verbracht. Gerne bin ich mit unseren Außendienstlern zu deren schwierigsten Kunden mitgefahren, um sie bei den Gesprächen zu unterstützen. Ich hatte also nicht nichts zu tun. Ich habe einfach gewählt, mit wem und wofür ich meine Zeit einsetze. Es war eine Kombination aus der Aufsichtsrat-Denkweise und dem Begriff »ZBV«, den ich von meiner Wehrdienstzeit noch kannte. ZBV: zur besonderen Verwendung. Ich hatte keinerlei Routinen. Selbst die Besprechungen mit meinen vier Bereichsleitern waren ganz bewusst nie geplant. Die Vereinbarung war, es gibt nichts zu verbergen, nichts zu verteidigen. Es ist einfach, wie es ist. Deshalb muss ich nicht kontrollieren und möchte keine Controlling-Gespräche führen, aber wenn ich nach etwas frage, will ich eine hundertprozentig ehrliche Aussage.

Eine Zeit lang war ich regelmäßig an bestimmten Wochentagen in der Firma. Verblüffend, dass dann regelmäßig manche Mitarbeitende an den Tagen fehlten. Arzttermine, Brückentage etc. War das Zufall? Vielleicht. Oder auch nicht. Also bin ich einfach ungeplant aufgetaucht. Das war die beste Zeit. Das richtige Leben, ungeschminkt. So erleben auch unsere Kunden das Geschäft. Die Besprechungen mit den vier Bereichsleitern waren eher kurz, eine Art spontane Kaffeetreffen ohne Agenda. Ich wollte von ihnen hören, was sie beschäftigte und wie sie die aktuellen Herausforderungen lösen wollten. Ich war eher Mentor als Chef. Es dauerte eine Weile, bis sie merkten, dass ich selbst niemals Aufgaben aus diesen Treffen mitnahm. Ich machte auch keine Notizen. Es war ihr Job, ihre Aufgabe, ihr Bereich, ihre Verantwortung und schließlich auch ihr Einkommen. Wenn es etwas zu regeln gab, regelten sie es untereinander. Sie konnten mich einladen, sollten sie aber besser nicht. Ich vertraute darauf, dass sie es hinbekamen.

Nach der anfänglichen Irritation wurden sie immer stolzer darauf, dass sie es allein hinbekamen. Leute groß machen statt Zwerge züchten – das war mein Anreiz und davon lebe ich heute noch, auch wenn ich mir zwischenzeitlich ein neues Hamsterrad als Trainer und Coach eingehandelt hatte. Vom Hamsterrad 2.0 und wie ich es mir eingehandelt und wieder daraus befreit habe, berichte ich im weiteren Verlauf dieses Buchs.

Fragen an dich:

- Was würdest du in deiner frei verfügbaren Zeit tun? In was würdest du sie investieren?
- Wie würdest du deine Stärken und deine Zeit für deine Lebensziele einsetzen?
- Mit wem willst du deine Zeit verbringen?

Abschnitt 4: Befreiung aus dem Hamsterrad 2.0

In meiner Zeit als Autoteile-Großhändler verspürte ich einen starken Drang nach Freiheit, wobei ich mir damals nie Gedanken darüber gemacht habe, dass ich meine Erfahrungen mit meiner 1-Tage-Woche jemals an andere weitergeben könnte. Wie heißt es so schön: »Das Leben wird nach vorne gelebt und im Rückblick verstanden.«

Auch die jetzt folgenden Erfahrungen aus meinem zweiten Hamsterrad wurden mir erst im Nachhinein bewusst. Bezeichnen wir die Zeit als Trainer und Coach als »Ulli 3.0«. Es war wieder eine grandiose Zeit mit vielen Erlebnissen, und natürlich auch wieder mit einigen blinden Flecken.

Der plötzliche Full-Stopp durch Corona hat mich dazu »eingeladen«, mich erneut völlig neu zu erfinden. Erst jetzt ist die Zeit reif, meine Erkenntnisse und Erfahrungen an andere weiterzugeben. Jetzt fügt sich alles zusammen. Ich kann aus verschiedenen Perspektiven und über längere Zeiträume hinweg berichten: mit vielen und nur wenigen Mitarbeitenden. Mit Handelsstrukturen und als One-Man-Show.

Jetzt – als Ulli 4.0 – habe ich tatsächlich erstmals ein Geschäftsmodell, in dem mein Ikigai und die EKS-Strategie lebt. Alle Puzzle-Steine meiner bisherigen Lebenswelten fügen sich zu einem klaren Bild zusammen. Ich mache das, was ich liebe, was ich kann, was die Welt braucht und wofür ich bezahlt werde. Ich begleite coole Unternehmer-Menschen auf ihrem Weg zu ihrer zeitlichen Freiheit. Ich nenne sie die 1-Tage-Woche. Die Jahresprogramme gestalten wir als Wandercoachings an wunderschönen Orten. Im Wald, am Meer oder in den Bergen. Ich verbringe meine Zeit mit großartigen Menschen an besonderen Plätzen.

Dafür bin ich extrem dankbar – und es hat fast 40 Jahre Entwicklungsprozess und Erfahrungen gebraucht, um diesen Punkt zu erreichen. Die nächsten Jahre und die Erkenntnisse daraus beschreibe ich im Abschnitt 4.

Heute hier, morgen dort,
bin kaum da, muss ich fort
Hab mich niemals deswegen beklagt
Hab es selbst so gewählt, nie die Jahre gezählt
Nie nach Gestern und Morgen gefragt

Manchmal träume ich schwer und dann denk ich es wär,
Zeit zu bleiben und nun was ganz andres zu tun
So vergeht Jahr um Jahr und es ist mir längst klar
Dass nichts bleibt, dass nichts bleibt, wie es war

Dass man mich kaum vermisst,
schon nach Tagen vergisst
Wenn ich längst wieder anderswo bin
Stört und kümmert mich nicht,
vielleicht bleibt mein Gesicht
Doch dem Ein' oder Andern im Sinn

Manchmal träume ich schwer, und dann denk ich es wär,
Zeit zu bleiben und nun was ganz andres zu tun
So vergeht Jahr um Jahr und es ist mir längst klar
Dass nichts bleibt, dass nichts bleibt, wie es war

Fragt mich einer, warum ich so bin, bleib ich stumm
Denn die Antwort darauf fällt mir schwer
Denn was neu ist, wird alt, und was gestern noch galt
Stimmt schon heut oder morgen nicht mehr

Manchmal träume ich schwer und dann denk ich es wär
Zeit zu bleiben und nun was ganz andres zu tun
So vergeht Jahr um Jahr und es ist mir längst klar
Dass nichts bleibt, dass nichts bleibt, wie es war[33]

Quelle: Musixmatch, Songwriter: Hannes Wader / Gary Bolstad

Kapitel 32
Zeit gegen Geld tauschen – besser nicht

Ich war 200 Tage im Jahr unterwegs, legte 60.000 Kilometer auf der Autobahn zurück und wechselte von einem Hotel zum nächsten. Mit zwei bis drei unterschiedlichen Aufträgen pro Woche und manchmal sogar zwei Trainingsgruppen am Tag und manchmal abends auf dem Weg noch schnell einen Vortrag … und jede Menge Akquisetermine unterwegs. Der Kalender war mehr als nur übervoll. Der Song *Heute hier, morgen dort* von Hannes Wader beschreibt perfekt, wie mein Leben als Trainer/Coach funktionierte. Ich hätte auch Jack Londons Buch *Der Lockruf des Goldes* zitieren können. Es war wie ein Rausch, von einem Kick zum nächsten.

In meinem kleinen Autoteile-Universum hatte ich gelernt, mit Widerstand umzugehen. Die Frage, wie Veränderung funktioniert, beschäftigt viele Menschen und ich erkannte die Möglichkeit, ihnen dabei zu helfen. Also habe ich in den letzten sieben Jahren vor dem Verkauf die frei gewordene Zeit genutzt, um mich parallel zum Großhandel als Spezialtrainer zu positionieren.

Die EKS-Strategie hatte mir wieder sehr geholfen. 2006 erhielt ich dafür den Strategie-Preis 1.Platz. Wirtschaftlich und strategisch habe ich dabei ziemlich viel richtig gemacht, zeitlich definitiv nicht. Aus Unternehmer-Sicht trainierte ich die Firmenkunden-Berater regionaler Banken darin, Unternehmer nutzenorientiert zu beraten. Das System, mit dem heute die Firmenkundenberater in genossenschaftlichen Banken ihre Unternehmer betreuen sollen, habe ich 2003 dem *BVR* (Bundesverband der Volks- und Raiffeisenbanken) geliefert. Es wurde sogar als bisher einziges System mit *BVR-Profi-Siegel* ausgezeichnet. Viele Firmenkundenberater nutzen es heute, ohne zu wissen, von wem es stammt (der BVR hatte diese Anmerkung vergessen) und dass es eine nutzenorientierte Haltung erfordert.

Ich arbeitete als Kooperationspartner für die SHT (Schwäbisch Hall Training GmbH) und war bei den Trainertagungen über 16 Jahre immer mit weitem Abstand die Nummer 1 unter 60 Trainern. Die Trainer machten zusammen einen Umsatz in Höhe von fünf Millionen Euro, von denen ich allein eine Million Euro akquiriert hatte.

Nach den manchmal sehr zähen Entwicklungsschritten in der Autoteile-Welt war ich nun in einer anderen Welt angekommen. Ich verdiente mehr und hatte deutlich mehr Spaß, tolle Kollegen, jede Menge Zuspruch und Anerkennung … und am Ende beschreibt Hannes Wader es treffend: »Dass man mich kaum vermisst, schon nach Tagen vergisst, wenn ich längst wieder anderswo bin, stört und kümmert mich nicht, vielleicht bleibt mein Gesicht doch dem Ein‘ oder Andern im Sinn.«[34]

Ich habe in über 250 regionalen Banken die Firmenkundenberater trainiert, wie sie nutzenorientiert Unternehmer beraten. Mehr als 5.000 Unternehmer-Bank-Gespräche habe ich im Training-on-the-Job begleitet. Immer aus Unternehmersicht für Unternehmer. Und auch nach über 25 Jahren bin ich noch immer der einzige Trainer in diesem Bereich mit Unternehmer-Hintergrund. Das war eine ziemlich gute und sehr erfolgreiche Positionierung. Eine coole Zeit würde man denken. Nicht wirklich. Ich war in die nächste Zeitfalle getappt. Dieses Hamsterrad war noch schneller als das erste. Ich habe meine Zeit gegen Geld getauscht. Der Fehler liegt schon im System.

Ich bin mir selbst auf den Leim gegangen, habe mich von meinem eigenen Erfolg einlullen lassen und nicht gemerkt, wie die Jahre vorbeiflogen. Ich habe keine wirkliche Ahnung, wo die zehn Jahre zwischen meinem 45sten und 55sten Lebensjahr geblieben sind. Ich war gefragt, verdiente viel Geld, fuhr große und teure Autos, lebte in guten Hotels, genoss den vordergründigen Erfolg … und hatte dabei kaum noch Zeit für meine Familie und meine Freunde.

Fast hätte ich die drei wichtigsten Menschen in meinem Leben verloren: mich selbst, meine Frau und unsere Tochter. Angeblich machen wir den ganzen Zirkus ja nur dafür, dass es in der Familie allen gut geht. »Du hast nur Zeit für andere. Für die, die dich wirklich lieben, hast du nie Zeit!« Dieser Satz meiner Frau saß. Es stimmte. Viele Jahre habe ich nur damit verbracht, mich für Dinge und Menschen zu engagieren, die mir im Grunde nicht viel bedeuteten. Aufträge abgewickelt, Geld verdient und die Beziehungen zu den Menschen, die mir wirklich etwas bedeuteten, nach und nach verloren. »Keine Zeit haben« ist ein echter Beziehungskiller.

Sehr viele Jahre habe ich mich für Menschen engagiert, die meine Arbeit gar nicht wertschätzten. Und umgekehrt war es genauso – ich düste von Auftrag zu Auftrag und hatte keine Zeit für die Menschen dahinter. Ich hatte Aufträge abgewickelt und war wieder weg. Vertrauen und Beziehungen konnten da nicht oder nur höchst selten entstehen. Es gibt auch einige wenige Kunden, bei denen ich seit fast 20 Jahren regelmäßig bin. Wir schätzen uns sehr und sind stolz auf die gemeinsame Entwicklung. Das sind die erfüllenden Aufträge. Antoine de Saint-Exupéry bringt es in seinem wunderbaren Buch *Der kleine Prinz* auf den Punkt: »Das Wesentliche ist für die Augen unsichtbar«, wiederholte der kleine Prinz, um es sich zu merken. »Die Zeit, die du für deine Rose verloren hast, sie macht deine Rose so wichtig«.[35]

Es ist die Qualität der Zeit, die den Wert ausmacht. Meine Tochter hat sich am Wochenende ihre Zeit aktiv geholt, »Papa, spielen!« war das Signal, als sie noch klein war. Später waren wir viel mit unseren Pferden gemeinsam unterwegs. Meine Frau und ich funktionierten einfach nur noch und stemmten den Alltag. Das wurde sehr schwierig. Wahrscheinlich kennst du das alles ähnlich, sonst würdest du dieses Buch nicht lesen. Jammern wäre völlig fehl am Platz, jubeln aber auch. Ich bin sehr dankbar für diese Zeit extrem vieler neuer Erfahrungen. Wir haben immer die Wahl, es wieder zu ändern und auch die Chancen, die Menschen in unseren Leben, die wir verloren haben, wieder zurückzugewinnen. Zum Glück ist mir das in den letzten Jahren auch gelungen.

Meine Frau und ich sind wieder zusammen. Wir wohnen noch in getrennten Wohnungen. Das hat sich bewährt und war die ersten Jahre unserer Beziehung auch schon so. Damals lagen 200 Kilometer dazwischen, jetzt sind es nur zwölf Kilometer. Es hat einen eigenen Charme, sich permanent neu zu verabreden, statt immer ohnehin da zu sein.

Dieses Kapitel meines Lebens gehört in dieses Buch, weil es eine völlig andere Art des Hamsterrads war. In meinem Großhandel hatte ich 23 Leute, die meine Zeit hebeln konnten. 184 Stunden Arbeitszeit pro Tag. Als Trainer und Coach hatte ich nur noch meine eigene Zeit. Zwar verdiente ich gut, aber die Zeit war begrenzt. Ich war nicht mehr Unternehmer, sondern selbstständig. Selbst und ständig am Arbeiten. Ein Drittel meines Einkommens erzielte ich aus der Vermittlung anderer Trainer. Die anderen zwei Drittel musste ich noch selbst erwirtschaften.

Dieses Drittel war schon ein ganz guter Hebel. Ich kannte die Zahlen der anderen. Da lag ich immer 100 Prozent drüber. Und genau diese Art von Rechnung setzt den falschen Fokus. Der Vergleich mit anderen macht nie glücklich. Die einzige gültige Frage ist: Lebe ich das Leben, dass ich leben will? Lebst du das Leben, dass du leben willst?

Ich habe meine Zeit gegen Geld getauscht. Aus dem Erfolgsmodell als Trainer war mein Hamsterrad 2.0 entstanden.

Fragen an dich:

- Wo tauschst du deine Zeit gegen Geld?
- Lässt du dich von deinem Erfolg von deinen eigentlichen Lebenszielen abhalten?
- Wie viel deiner Zeit verbringst du mit Menschen, die dich im Grunde gar nicht wertschätzen?
- Wie oft fühlst du dich wie in dem Lied *Heute hier, morgen dort* von Hannes Wader? Wie geht es dir damit?
- Mit wem möchtest du mehr Zeit verbringen?

Kapitel 33
Das zweite Hamsterrad verlassen – Freiheit 2.0

Ich hatte den Drang, rauszukommen und ein paar Tage ans Meer zu fahren, um mich neu zu erfinden. Im Januar 2020, während einer Zugfahrt, las ich *Das Café am Rande der Welt*[36] und die Puzzlesteine fielen zusammen. Mir wurde klar, was ich als nächstes tun wollte. Kapitel für Kapitel las ich und machte mir parallel Notizen am Laptop. Bei der Ankunft war das neue Konzept für mein aktuelles Business fertig. *HIKE&STRIKE*[37] war geboren. Das Jahresprogramm für Unternehmer-Menschen, die ihre zeitliche Freiheit wieder haben wollen. Zusammen loslaufen und gemeinsam besser ankommen. Du weißt ja: Das Leben wird vorwärts gelebt und rückwärts verstanden. Meine Erfahrungen aus meiner Zeit als Tramper und Globetrotter, die Expertise aus dem Großhandel, meine 1-Tage-Woche, die EKS-Erfahrungen, die Ideen des Ikigais, unser Gutshof in der Südpfalz, meine Erfahrungen mit Banken und Steuergestaltungen, meine Einblicke in tausende Unternehmen aus den Unternehmer-Bank-Gesprächen – all das konnte ich geschickt kombinieren, um für andere einen enormen Beitrag zu leisten und gleichzeitig von dem Leben zu profitieren, was mir Freude machte.

Vor ewigen Zeiten hatte ich ein Buch von Ernest Hemingway gelesen: *Die grünen Hügel Afrikas*.[38] Man muss es nicht zwingend lesen. Die Erkenntnis aus diesem Buch hatte nur indirekt mit dem Inhalt zu tun. Das, was mich an dem Buch fasziniert hatte, war, dass Hemingway sein Leben so gelebt hat, wie er wollte. Sein Leben zu leben, andere daran teilhaben zu lassen und davon gut zu leben, ist die Königsnummer für mich. Zeitlich und finanziell zu 100 Prozent frei zu sein – das war mein Ziel. Die Folge 100[39] meines *WegeBedarf*-Podcasts *UnternehmerSein. Neu denken* habe ich dem – ich nenne es – »Hemingway-Prinzip« gewidmet.

Ich selbst hatte in meinem Handelsunternehmen ohne Begleitung fünf Jahre gebraucht, um meinen Weg aus dem Hamsterrad in die 1-Tage-Woche zu finden. Nun, mit all meinen Erkenntnissen und Erfahrungen, konnte ich anderen in nur einem Jahr zu diesem Ziel verhelfen. Für das Jahr 2020 stand die erste Pilotgruppe *HIKE&STRIKE* an. Es sollte eine Kombination aus Wandercoaching an schönen Orten am Strand, im Gebirge und im Wald werden. Für die Vision mit Weitblick in die Berge. Für die Reflexion ans Meer. Und für die Umsetzung in den Alltag in den Wald. Ich erstellte ein einzigartiges Programm.

Noch auf der Rückfahrt war die Website fertig. Einen Co-Trainer hatte ich auch schnell. Ich habe meinen Coach Wolfgang Sauer gefragt. Er kam aus einer ganz anderen Richtung und kann das Thema innere Führung perfekt einbringen. Innen und Außen. Drinnen und Draußen. Wald und Meer. Zeit und Geld. Ikigai und EKS. *HIKE&STRIKE*. Zusammen loslaufen und gemeinsam besser ankommen. Der Weg zur 1-Tage-Woche war geboren.

Die ersten Interessenten tauchten auch schnell auf, aber dann kam alles anders. Corona und Lock-Down änderten die Welt. Auch meine. Als Tagelöhner hatte ich von jetzt auf gleich keine Einnahmen mehr. Meine Frau auch nicht. Für einen Neuaufbruch und Umbau des Geschäfts war das keine gute Ausgangsposition. Ich wusste aus meiner Tramper-Zeit, dass ich mich durchschlagen und mit wenig Geld auskommen konnte. Dann passte ich eben das Konzept so an, dass es trotz Corona-Einschränkungen funktionierte. Ich hatte zwar jetzt kaum Einkommen, aber massenhaft Zeit. Mein Trainings-Konzept für Banken wurde zu einem Online-Kurs. Alle Erfahrungen aus den 25 Jahren wurden zu einem Jahresprogramm – mein erstes skalierbares Abo-Modell. Dank Corona fand ich nun einen Weg, mein Know-how und nicht mehr meine Zeit zu verkaufen.

Zusätzlich startete ich kurz vor dem ersten Lockdown noch meinen ersten *WegeBedarf*-Podcast *UnternehmerSein. Neu denken: Leichter, menschlicher, nachhaltiger.* Podcasts machen erstaunlich viel Spaß, kosten aber einiges an Zeit und Geld. Wie könnte ich statt Kosten Erträge produzieren? Wieder war es die EKS. Diesmal die Stufe 6 – Kooperations-Strategie. Banken haben genau meine Zielgruppe für *HIKE&STRIKE*. Natürlich würden sie mir ihre Kunden nicht einfach so schicken. Und natürlich müssen sie auch in Corona-Zeiten in Verbindung bleiben, kontaktlos. Das wurde zu meinem zweiten Abo-Modell: bankeigene Unternehmer-

Podcasts für persönliche unternehmerische Freiheit. Ein echtes Mehrfach-Gewinner-Modell. Unternehmer bekommen immer wieder Impulse, wie sie ihre persönliche unternehmerische Freiheit ausbauen, Banken tauchen mit mehr als Geld und Zinsen auf, ich lerne neue Unternehmer kennen und kann die Inhalte sowie Interviews in mehreren Formaten ausspielen. Ich tue jetzt das, was ich liebe, was ich kann, was die Welt braucht und wofür ich bezahlt werde.

Die erste *HIKE&STRIKE*-Jahresgruppe startete dann endlich im März 2022. Es machte große Freude, zu erleben, wie sich die Teilnehmer entwickeln, wie sich die Kultur in den Unternehmen verändert, wie die persönliche und zeitliche Freiheit aller wächst und wie sie die Freude an ihrem Tun zurückgewinnen. »Unternehmersein neu denken: leichter, menschlicher, nachhaltiger.«

Es funktioniert – nicht nur zufällig bei mir, sondern systematisch auch bei anderen. Die Ergebnisse nach einem Jahr sind bei allen mehr als beeindruckend. Alle Teilnehmer haben ihr Business so umgebaut, dass sie freiwerdende Zeiten dafür nutzen, Dinge zu tun, die sie deutlich mehr erfüllen. Sie haben sich von lästigen Routinen verabschiedet, mehr Klarheit gewonnen und ihre Herzenssachen nach vorne gebracht. Es ist ein echtes Mehrfach-Gewinner-Modell, das sogar die Mitarbeitenden mit einbezieht. Alle nähern sich dem Hemingway-Prinzip: Wir leben davon, unser Wunschleben zu leben – und dabei finanziell und zeitlich frei zu sein.

Diese Idee reifte weiter. Parallel zu diesem Buch entsteht eine Community von Unternehmerinnen und Unternehmern, die ihr »Unternehmersein« neu denken. Von »schneller, höher, weiter« zu »leichter, menschlicher, nachhaltiger«.

Fragen an dich:

- Wie wäre dein Wunschleben? Wie könntest du finanziell und zeitlich frei von deinem Wunschleben leben?
- Welche Erfahrungen aus deinem Leben kannst du an andere weitergeben?

- Welches Mehrfach-Gewinner Modell lässt dich dein Leben so leben, wie du es willst und gleichzeitig einen Beitrag für andere leisten?
- Wie kannst du dein »Unternehmersein« neu denken, um von »schneller, höher, weiter« zu »leichter, menschlicher, nachhaltiger« zu kommen?

Kapitel 34
Verkaufe dein Know-how, nicht deine Zeit – Das richtige Geschäftsmodell

»Wieso hast du eigentlich so viele freie Zeitfenster in deinem Kalender? Hast du keine Aufträge? Hast du denn nichts zu tun?« Ganz oft höre ich diese Fragen von Menschen, die sich über mein automatisiertes Buchungssystem einen Termin bei mir buchen. Wenn ich ihnen dann erkläre, dass ich nahezu keine Routinen habe und dass ich mein Einkommen im Wesentlichen unabhängig von meiner Zeit organisiert habe, beginnen sie zu ahnen, dass es auch für sie wichtig wäre, ihre Zeit anders zu denken. Aus meinen beiden Hamsterrädern habe ich gelernt, dass es essenziell ist, mein Business-Modell von meiner Zeit abzukoppeln. Einkommen und Zeiteinsatz müssen wir dauerhaft entkoppeln – definitiv.

Die Hamsterrad-Falle schnappt sofort wieder zu, wenn wir Zeit gegen Geld tauschen oder unsere Anwesenheit zum Erbringen von Einkommen erforderlich ist. Unter anderem deshalb ist die Empfehlung, wie ein Aufsichtsratsvorsitzender zu denken und zu handeln, so wichtig. Ein Aufsichtsratsvorsitzender ist niemals ins operative Tagesgeschäft eingebunden. Sein Wert liegt in Aufsicht und Rat. Unser Wert als 1-Tage-Woche-Unternehmer liegt ebenfalls darin. Ziel, Strategie, Kultur stehen auf unserer Agenda. Alle anderen Aufgaben schaffen Arbeitsplätze für andere Menschen, die diese Aufgaben besser erfüllen können als wir. Was Menschen von uns kaufen, ist das Ergebnis – die Lösung ihres Problems, ein Produkt. Lassen wir uns darauf konzentrieren. Unsere Unternehmer-Aufgabe besteht darin, uns und unsere Firmen so zu organisieren, dass Ergebnisse, Lösungen, Produkte ohne unsere zwingende physische Anwesenheit entstehen. Idealerweise sollten sie auch skalierbar sein. Wir verkaufen im Grunde genommen unser Know-how und das Organisationstalent, dass es ohne uns funktioniert – unabhängig von unserer Zeit.

Schauen wir es uns an meinem Beispiel an, wie ich mich aus meinem Hamsterrad 2.0 herausorganisiert habe, um Freiheit 2.0 zu erreichen. Und wie kannst du das auch erreichen?

Ungefähr die Hälfte meines Einkommens stammt aus meiner *Silberrücken-Masterclass*, einem Jahresprogramm für Firmenkundenberater regionaler Banken, das ihnen ermöglicht, Unternehmer besser und sicherer zu deren Lebenszielen zu begleiten – ganz im Sinne des eigentlichen Förderauftrags regionaler Banken. Die Wirkung entfaltet sich auf mehreren Ebenen: Die Berater stiften einen erlebbar höheren Nutzen, der Ertrag steigt massiv und die Bankziele werden viel leichter erreicht. Außerdem können die Berater mit Sinn und Stolz ihre Berufung leben. Sie müssen nicht mehr sinnlos irgendwelchen willkürlich gesetzten Vertriebszielen hinterherlaufen und immer mehr Vertriebsdruck über sich und ihre Kunden ergehen lassen. Diese Vorgehensweise ist völlig außerhalb des normalen Mainstreams. Es ist eine echte Nische. Mir reichen 40-50 Teilnehmer im Jahr. Das entspricht etwa 0,01 Prozent der aktiven Firmenkundenberater regionaler Banken. Passend zu meinem Ikigai helfe ich mit der *Silberrücken-Masterclass* auch Banken, die Freiheit zu haben, mit was, wo, wie und vor allem mit wem sie ihre Zeit verbringen wollen. Auch hier geht es darum, das Leben leichter, menschlicher und nachhaltiger zu machen. Das ist mein Beitrag dazu an der Schnittstelle Unternehmer-Bank.

Wie hebele ich hier mein Know-how und mein Einkommen mit minimalen Zeiteinsatz? Die Teilnehmer bekommen Zugang zu fünfundzwanzig einstündigen Video-Einheiten, in der sie Schritt für Schritt alle 14 Tage durch das Programm geführt werden. Dabei spielt es keine Rolle, ob einer, zehn oder hundert Menschen im Kurs angemeldet sind. Jeder kann die Einheiten anschauen, wann immer er mag. Mein Know-how aus über 25 Jahren Training ist mit diesem Kurs vervielfältigt worden.

Banken, die eigene Trainer beschäftigen, können z.B. nur das Know-how erwerben und die Umsetzung selbst begleiten. Einige Berater, die den Kurs für sich genutzt haben, steigen gerade nebenberuflich bei mir ein, um die Coaching-Calls zu übernehmen. 90 Prozent des zeitlichen Aufwands sind automatisiert. Die restlichen zehn Prozent machen mir Spaß. Jedes Quartal startet eine neue Gruppe. Mal sind es mehr, mal sind es weniger Teilnehmer. In Summe generiert mir die *Silberrücken-Masterclass* einen stabilen Einkommensstrom – unabhängig von meiner Zeit.

Der Hauptaufwand, mein Know-how vervielfältigbar zu machen, ist erledigt. Die aktuelle Aufgabe besteht darin, das System am Laufen zu halten und Akquise zu betreiben. Auch hier nutze ich die EKS-Strategie®. Du erinnerst dich aus Kapitel 9 an die Phase 6 der EKS – die Kooperations-Strategie. Hier stellt sich die Frage, wer die Zielgruppe – Firmenkundenberater regionaler Banken – schon besitzt und wie ich durch meinen Kurs die Probleme dieser Zielgruppenbesitzer besser lösen kann, als sie selbst es könnten. Ich schreibe das hier beispielhaft, damit die Denkweise hinter den Prinzipien klar wird: Wie hebelt sich das Know-how am besten?

Ich habe erkannt, dass nahezu alle Bankberater Schwierigkeiten haben, die Versicherungen für die finanzierten Dinge einfach mitzuverkaufen. Bei ca. 50 Prozent Marktdurchdringung schaffen sie einen lächerlichen Marktanteil von fünf bis zehn Prozent bei Versicherungen – obwohl die Bank 100 Prozent des Risikos mitträgt, weil sie ja das Fremdkapital einbringt.

Da ich nie Bank- oder Versicherungswesen gelernt habe und aus Unternehmersicht hinschaue, argumentiere ich das in meinen Trainings völlig anders, als sie das bisher gelernt haben – natürlich wieder aus Nutzen-Sicht. Die passende Podcast-Folge gibt es dazu natürlich auch: Warum du unbedingt dort versichern solltest, wo du finanziert hast[40]. Mit meiner Vorgehensweise sind Bankberater deutlich erfolgreicher. Statt in einem von neun Krediten schließen sie in neun von zehn Fällen auch die Absicherung mit ab. Es gibt einige spektakuläre Beispiele.

Diese Beispiele habe ich Entscheidern von Versicherungen gezeigt und ihnen folgenden Deal vorgeschlagen: Sie laden ihre Bank-Entscheider zu Webinaren mit mir ein. Dort stelle ich die Ergebnisse und die *Silberrücken-Masterclass* vor. Dann laden wir die Banken ein, Teilnehmer anzumelden und schließen eine Wette ab. Die Bank bucht und zahlt die Teilnahme. Sind die Ergebnisse aus den Versicherungsabschlüssen nach der Teilnahme höher als die Kurskosten, erstattet die Versicherung der Bank die Kursgebühr.

Die Berater der Versicherung, die diese Banken betreuen, nehmen auch teil. Die Kurslektionen für die Führungskräfte sind ebenfalls automatisiert parallel geschaltet. Es lohnt sich, sich diese Denkweise auf der Zunge zergehen zu lassen. Weil ich eines ihrer Kernprobleme löse, machen sie für mich den Vertrieb und zahlen auch noch für ihre eigenen Teilnehmer im Kurs. Auf diese Weise ist mit sehr überschaubarem zeitlichem Aufwand ein System entstanden, dass mein Know-how monetarisiert, ohne dass ich zwingend anwesend sein muss. Du erkennst an diesem Beispiel, dass hier viele Puzzle-Steine zusammenfallen. Alles, was automatisierbar ist, ist automatisiert. Es geht um die Ergebnisse und nicht um meine Anwesenheit. Andere haben Interesse, es zu vertreiben.

Genauso funktioniert auch mein *HIKE&STRIKE*-Jahresprogramm – Der Weg zur 1-Tage-Woche. Die Zeit, die ich persönlich und zeitlich einbringe, entspricht zu 100 Prozent meinem Ikigai. Ich tue, was ich kann, was ich liebe, was die Welt braucht und wofür ich bezahlt werde, und das mit den Menschen, die ich wertschätze und die mich wertschätzen. Das Wichtigste dabei ist, dass sich der Nutzen der Teilnehmer auf lange Zeit verlängert: Sie bleiben in dem Spirit von *UnternehmerSein. Neu denken: leichter, menschlicher, nachhaltiger* unter Gleichgesinnten. Die Gefahr, wieder heruntergezogen oder von alten Gewohnheiten wieder ins Hamsterrad gezogen zu werden, sinkt deutlich. Und ganz nebenbei entsteht für mich ein konstanter Einkommensstrom – zuerst über das *HIKE&STRIKE*-Jahr verteilt, dann verlängert er sich sogar dauerhaft, sobald sie Mitglied der entstehenden Community von *1-Tage-Woche-Unternehmer-Menschen* werden.

Es sind immer Mehrfach-Gewinner-Modelle, die uns den zeitlichen Durchbruch verschaffen. Die Kunst besteht darin, auch in deinem ganz speziellen Fall die gleichen Prinzipien anzuwenden und eine strategisch clevere Lösung zu finden. Für alle Menschen im Handel, Handwerk und Produktion ist es einfach. Hier gibt es immer genug Menschen, die einfach die operative Arbeit erledigen. Es ist leicht, sich herauszuorganisieren. Dazu braucht es »nur« die Hacks, die ich in meinem Hamsterrad 1.0 genutzt habe. Herausfordernd wird es bei allen Berufen, die üblicherweise – auch standesrechtlich – mit der Person verknüpft sind, wie Ärzte, Apotheker, Steuerberater, Rechtsanwälte oder Architekten, auch alle Physio- und Psychotherapeuten sowie Osteopathen. Und natürlich alle Coaches, Trainer, Berater … Wenn du mit einer dieser Berufungen gestartet bist, steht bei dir eine sehr grundsätzliche Entscheidung an: Willst du einer begrenzten Menge an Menschen persönlich helfen oder viele Menschen mit deinem Nutzen erreichen?

Möchtest du »selbstständig« bleiben oder »unternehmerisch« tätig sein? Willst du selbst tätig werden oder dich unternehmerisch so organisieren, dass das System ohne deine Anwesenheit funktioniert? Beides ist völlig in Ordnung. Es hat nur andere Auswirkungen. Als Selbstständiger tauscht man einfach immer nur Zeit gegen Geld. Das ist ja so lange nicht schlimm, als man Freude daran hat und Inflation etc. einem nicht immer mehr Zeiteinsatz für weniger Geld abnötigt. Die Unternehmer-Denkweise verändert dein Handeln und dein Geschäft. Mal angenommen, du bist Arzt. Als Arzt mit eigener 1-Mensch-Hausarztpraxis ist dein Geschäftsmodell immer an deine Anwesenheit geknüpft. Das wird immer so bleiben. Es sei denn, du entscheidest dich, z.B. aus deiner Praxis ein regionales Medizinisches-Versorgungs-Zentrum zu machen.

Du schaffst einen Raum, in dem du viele Ärzte gut organisierst und den Nutzen für die Bevölkerung bündelst. Jetzt verdienst du an der Immobilie und an allen Ärzten immer ein wenig mit. Du hast deine Zeit von deinem Einkommen entkoppelt und kannst dich nach und nach zeitlich herausziehen. Je besser der Laden läuft, desto weniger musst du selbst arbeiten. Du hast dich unternehmerisch darauf konzentriert, einen Raum zu schaffen, in dem andere wirksam werden können. Eine Station im Krankenhaus funktioniert auch dann, wenn der Chefarzt nicht da ist. Böse Zungen würden jetzt sagen, dass eine wirklich gute Station daran zu erkennen ist, dass sie funktioniert, obwohl der Chef da ist. Das gilt übrigens für die meisten Unternehmen.

Diese Sprüche kommen ja nicht von ungefähr und führen immer wieder zu leicht schmerzhaftem Schmunzeln bei den Betroffenen. Die meisten Mitarbeitenden müssen das wohl aushalten. Eine gute Einladung an uns Unternehmer, uns bei vielen Dingen einfach rauszuhalten und unsere Leute mal in Ruhe machen zu lassen. Wir sollten uns nicht zu wichtig nehmen.

Das Beispiel Arzt ist auf alle anderen Berufungen 1:1 übertragbar. Die Grundsatzentscheidung heißt: selbst machen *wollen* oder *machen lassen*. Die Grenzen sind fließend, wie in meinem Beispiel. Du bestimmst sie. Dein Grad an gewollter Freiheit ist das Maß für dich. »Form follows function« – Designer sagen, dass die Form der Funktion folgen muss. Also stellt sich auch hier die Frage: Was soll am Ende herauskommen und wie müssen wir es gestalten, damit es genauso wird? Das ist unser Job. Ob wir dazu Menschen anstellen oder als Kooperationspartner einbinden, ob wir kaufen oder mieten, ob wir in Teilen selbst arbeiten oder uns ganz rausziehen – das ist immer eine Frage des individuellen Einzelfalls.

Um Klarheit über deinen Weg aus dem Hamsterrad in die zeitliche Freiheit zu bekommen, lohnt es sich, erst einmal an dieser Stelle über deine zukünftige Wunschrolle nachzudenken. Um das für dich passende Modell zu finden, ist die Kombination deines Ikigais und der EKS-Strategie einfach grandios.

Fragen an dich:

- Willst du selbständig oder unternehmerisch tätig sein?
- Willst du mit begrenzt vielen Menschen persönlich arbeiten oder ganz viele Menschen mit deinem Nutzen erreichen?
- Wie kannst du deine speziellen Stärken skalierbar machen?
- Wie kannst du dein Einkommen unabhängig von deiner Zeit machen?
- Willst du deine Bühne behalten oder nur Backstage sein?

Kapitel 35
Weniger Steuern zahlen

»Watt de im Innkauf jespart häss, bruchste im Verkauf ers ja net jroß verdiene.« Dieser kaufmännisch-kölnische Grundsatz gilt nicht nur für den Einkauf und das Reduzieren von unnötigen Fixkosten, er gilt auch bei Steuern. Verzichte auf alle Kosten, die nur deinem Image und deinem Status gedient hätten. Der wirkliche Status ist »Zeit haben«. Du brauchst niemandem zu beweisen, wie toll zu bist, indem du über unnötig große Autos, Boote oder Häuser verfügst, deren Kosten dich nur schneller ins Hamsterrad treiben. Lass los. Genieße »Zeit haben« als Status. Das gilt besonders bei Steuern, die oft unsere größten Kosten sind. Steuern, die man gar nicht erst bezahlen muss, braucht man gar nicht erst erwirtschaften. Deine zeitliche Freiheit vergrößert sich schlagartig, wenn du nicht mehr die Hälfte deiner Zeit für das Finanzamt aufwenden musst, sondern nur noch zehn bis 15 Prozent. Stell dir vor, du wärest bereits ab Mitte bis Ende Februar frei, anstatt bis Ende Juni für den Fiskus zu arbeiten.

Vermutlich hast du dieses Kapitel zu Steuern hier nicht erwartet. Doch wenn wir Denk- und Handlungsweisen hinterfragen, um unsere Zeit wieder zugewinnen, dann gehören unnötige Leistungszwänge, zu hohe Kosten, sinnlose Ausgaben und unnötig gezahlte Steuern natürlich auch dazu. Ich schreibe bewusst »unnötig gezahlte« Steuern. Natürlich müssen wir Steuern zahlen, und gleichzeitig gibt es kein Gesetz, dass uns verpflichtet, unnötig viel Steuern zu zahlen. Steuern steuern unser Verhalten, deshalb hat der Staat sehr viele Regelungen geschaffen, die wir zu unserem Vorteil nutzen können. Wer die Regeln kennt, braucht weniger zu arbeiten oder hat mehr in der Tasche. Im Idealfall zahlen wir einfach nur die Steuern, die wir wirklich zahlen müssen. Da reichen null bis 15 Prozent.

Seit vielen Jahren beschäftige ich mich mit dem Thema *Steuern und Abgaben*, weil mich aufgeregt hat, dass meine Leute extrem fleißig gearbeitet haben, aber von ihrem Mehrverdienst kaum etwas übrig blieb. Ich war gerade Geschäftsführer geworden, als ich das zum ersten Mal bemerkte. Damals kümmerte ich mich noch selbst um die Gehälter. Es war November und das Weihnachtsgeld stand an. Für mich als Geschäftsführer stand das zum ersten Mal auf der To-Do-Liste. 20 Mitarbeiter und jeder sollte 500 D-Mark an Weihnachtsgeld erhalten, sprich insgesamt 10.000 D-Mark plus 20 Prozent an Nebenkosten. Eine Menge Geld. Ein paar Tage später erhielt ich die Gehaltszettel vom Steuerberater. Ich war gespannt, wie viel von den 10.000 D-Mark denn ankommen würden, und addierte die Lohnzettel. Dabei kam ich auf etwa 3.500 D-Mark. Ich war völlig fassungslos. Uns kostete es 12.000 D-Mark und bei den Mitarbeitenden kamen nur dreieinhalb Tausend D-Mark an. Alle haben extrem fleißig gearbeitet.

Und Stellen, die noch nie einen Finger für uns gerührt hatten, bekommen dreiviertel des Geldes. Allein schon das Aufschreiben verursacht bei mir auch heute noch Adrenalin-Ausstoß. Es muss anders gehen. Bessere Lösungen für alle. Ich begann, nach Möglichkeiten zu suchen und fand sie auch. Damals, ohne Internet, war es schwierig. Heute kann jeder alle Möglichkeiten kennen und umsetzen.

Nur ein kleines Beispiel: Statt Weihnachtsgeld gibt es einfach Erholungsbeihilfe. Fertig. Vielleicht gehörst du zu den 10 Prozent der Unternehmer, die damit vertraut sind, dann wird es für dich langweilig sein; für die anderen ist es neu. Grob vereinfacht in Euro: Wenn du einer vierköpfigen Familie 364 Euro Erholungsbeihilfe netto auszahlst, sind das ca. 100 Euro netto mehr als bei 500 Euro Weihnachtsgeld. Dich kostet die Auszahlung 364 Euro plus 20 Prozent übernommene Pauschal-Versteuerung. Diese 437 Euro setzt du als Kosten von der Steuer ab. Der tatsächliche Nettoaufwand bei dir beträgt auf diese Weise nur 306 Euro. Bei 500 Euro Weihnachtsgeld hättest du 500 Euro plus 20 Prozent Nebenkosten. Diese 600 Euro Aufwand hättest du auch von der Steuer abgesetzt und in Summe 400 Euro netto Aufwand gehabt. Die gesparten 100 Euro pro Kopf kannst du deinen Leuten als steuerfreie Sachzuwendung über zwei Monate verteilt zukommen lassen. Bei gleichem Aufwand haben deine Leute 464 Euro netto in der Tasche, die dich netto 500 Euro gekostet haben. Gleicher Aufwand, weniger Verschwendung. Hier gibt es viele Beratungsfirmen, die das mittlerweile anbieten.

Meine Leute hatten alles, was mir möglich war. Sie hatten nicht viel brutto, dafür ziemlich viel netto. Es lohnt sich, den Gehaltzetteln gelegentlich Informationen beizulegen, die den Zusatznutzen immer wieder verdeutlichen. Lohnabrechnungen allein sind nicht besonders ansprechend. Was nicht dort drauf steht, wird auch schnell vergessen. Das war eine Möglichkeit, den Leistungszwang zu senken und/oder mehr aus dem gleichen Aufwand herauszuholen. Andere Möglichkeiten sind Gestaltungen jenseits der klassischen GmbH. Hier wird es dann richtig spannend.

Ich bin definitiv kein Steuerberater. Ich war schon immer ein großes Spielkind und arbeite extrem ungern unnötig für andere. Aktuell nutze ich insgesamt acht Rechtsformen strategisch, um meine Ziele besser und sicherer zu erreichen, wodurch meine durchschnittliche Steuerlast bei etwa zehn Prozent liegt. Das ist völlig in Ordnung. Mit diesem Stoff füllen andere ganze Hallen und dickste Bücher. Für den Anfang empfehle ich dir die Folge *Willkommen im Steuerparadies Deutschland*[41]. In den Folgen 74 und 75 des *WegeBedarf*-Podcasts *UnternehmerSein. Neu denken* beschreibe ich meine Denkweise und meine Konstrukte, die seit vielen Jahren bewährt sind. Unter anderem beschreibe ich dort auch, wie du dein privates Haus oder deine Ferienimmobilie aus legal nicht gezahlten Steuern tilgst. Dazu tausche ich mich permanent mit vielen Unternehmern und Steuerberatern aus.

Es gibt nicht *den* richtigen Weg. Stattdessen gibt es sehr viele Wege, den Leistungszwang extrem abzusenken. Wenn du deine Steuerlast halbierst, brauchst du für das gleiche Geld auch nur noch halb so viel zu arbeiten, oder du hast das Doppelte übrig. Oder du findest deinen Weg dazwischen. Deine zeitliche Freiheit hängt sehr wesentlich davon ab, wie viel Einkommen du hast, ohne Zeit gegen Geld zu tauschen. Im Steuerparadies Deutschland geht sehr viel, das die meisten gar nicht kennen. Deren Steuerberater auch nicht. Dafür braucht man Muße jenseits des Tagesgeschäfts. Zeit haben lohnt hier gleich mehrfach. Nicht nur die Besteuerung laufender Einnahmen kannst du auf zehn bis 15 Prozent senken. Der wahre Hebel liegt später beim Verkauf bzw. der Übergabe deines Unternehmens, wenn du den Wert massiv gesteigert hast und somit nicht nur 50-75 Prozent bei dir bleiben, sondern *über* 99 Prozent.

Wenn du früh genug beginnst, dich strategisch sowie steuerlich »richtig« aufzustellen, kommst du mit null Prozent bis 0,75 Prozent Steuersatz beim Verkauf und beim Übertragen aus. Pro Million Verkaufserlös zahlst du 242.500 bis 250.000 Euro mehr Steuern als wenn du – 100 Prozent legal – anders organisiert bist. Steuerparadies Deutschland. Diese kleinen, feinen Details machen einen großen Unterschied für dein Hamsterrad. Um wie viel entspannter könntest du es angehen lassen? Oder wie viel mehr könntest du mit dem gleichen Aufwand auf der Seite haben? Wie viel Vermögen brauchst du denn überhaupt, um zeitlich UND finanziell frei leben zu können? Dahinter steckt natürlich die Frage, wie lange du wie viel Gas geben musst, um dir diese Freiheit zu erkaufen.

Das war der bisherige Ansatz und Treiber für dein Hamsterrad. Jetzt haben wir bereits einige Stellschrauben gefunden, wie du mit weniger Aufwand auch finanziell mehr bewegst. Trotzdem ist ein kleiner Ausflug in die Finanzwelt sinnvoll.

Mit der sogenannten *400er-Formel* hast du immer einen guten Überblick. Pro 1.000 Euro passivem Einkommen aus deinem Vermögen brauchst du das 400fache an Vermögen, wenn es sich mit drei Prozent verzinst. 400.000 Euro mal drei Prozent ergibt 12.000 Euro. Teilt man diesen Betrag durch 12 Monate, ergibt das 1.000 Euro pro Monat (vor Steuer).

Zurückblickend kann man sagen, dass drei Prozent immer gut erreichbar waren. Wenn du also 5.000 Euro im Monat für dich zum Leben haben möchtest, dann wäre ein Vermögen in Höhe von zwei Millionen Euro mit drei Prozent verzinst eine stabile Basis. Bei 5.000 Euro im Monat nur für deine privaten Bedürfnisse liegst du bei einem Durchschnittssteuersatz von aktuell 18 Prozent Einkommenssteuer. Natürlich scheint das auf den ersten Blick viel zu wenig. Deshalb ist die Frage wichtig, wie viel Geld brauchst du denn wirklich für dich zum Leben, wenn du die großen Kostentreiber weghättest?

Wenn du Vermögensaufbau, Immobilienabzahlung, Ferienhausfinanzierung, Studium und Auslandsaufenthalte der Kinder, teure Hobbys und Ausbildungen etc. in anderen Rechtsformen viel günstiger abbilden kannst, brauchst du persönlich kein großes privates Einkommen mehr. Die Kostentreiber, die du bisher hattest und dich genötigt haben, unendlich viel zu arbeiten, damit wenigstens die Hälfte bei dir bleibt, strukturierst du in andere Rechtsformen.

Wir machen an dieser Stelle keine individuelle Steuer- und Rechtsberatung, hier bekommst du nur einen kleinen Überblick, wie es viele Unternehmer seit Jahren machen. Was daraus für dich passt, klärst du am besten sehr konkret mit einem dazu ausgebildeten erfahrenen Steuerberater. Ich nehme einfach wieder mein Beispiel, weil es sich in der Praxis bewährt hat und seit vielen Jahren perfekt für mich funktioniert. Mein gesamtes Vermögen ist in einer Familienstiftung organisiert, die mir als »Safe-Room« dient. Es reicht ja, wenn ich nicht mehr den Safe, sondern lediglich den Safe-Schlüssel besitze. Das Vermögen in der Stiftung gehört sich selbst und haftet nicht mehr für mich. Unter der Familienstiftung agiert meine operative GmbH als hundertprozentige Tochtergesellschaft, die ihren Gewinn mit einem Steuersatz von 0,75 Prozent an die Stiftung abführt. Parallel dazu existiert die Familien-Genossenschaft als Tochterunternehmen, die das Immobilien-Vermögen hält.

Ich beschränke mich hier auf diesen kleinen Ausflug, um es nicht zu kompliziert zu machen. Alle »kostspieligen« Dinge wie die Ausbildung meiner Tochter, unsere Pferde und Familienurlaube übernimmt finanziell die Stiftung. Statt wie bisher nach Steuern aus dem Gehalt meiner GmbH zu zahlen, fließt das Geld aus dem operativen Geschäft steuerreduziert in die Stiftung. Die Immobilien-Genossenschaft übernimmt den Aufbau und die Finanzierung von Immobilien aus ihrem eigenen positiven Cash-Flow, was in unserer Gestaltung sogar zu 100 Prozent steuerfrei erfolgt. Unsere Mieter sind Mitglied der eG. In den bereits erwähnten Podcast-Folgen 74 und 75 *Steuerparadies Deutschland* verrate ich viele Details und lasse dich hinter die Kulissen blicken, wie ich das genau gestaltet habe. Es gibt viele andere Wege, die hier den Rahmen sprengen würden.

Als Unternehmer ist es völlig unmöglich, all diese Dinge selbst zu erfinden. Und in der Regel erhält man solche Tipps nicht von seinem normalen Steuerberater. Es gibt einige Spezialisten, die ihr Know-how zugänglich machen.

Ich habe sehr viel von Johann Köber gelernt. Seinen Klassiker *Steuern steuern*[42] habe ich sicher fünfmal gelesen. Mein Freund Björn Erhard hat gerade das Buch *Genossenschaft für Unternehmer*[43] geschrieben. Dort und in unserem gemeinsamen Podcast[44] verraten wir, warum die eG (eingetragene Genossenschaft) die bessere GmbH ist. Von Thorsten Klinkner habe ich sehr viel über Familienstiftungen gelernt. Jede Rechtsform hat faszinierende Möglichkeiten, die in einer GmbH undenkbar wären.[45] Natürlich gibt es in der Folge 33 des *WegeBedarf*-Podcasts *UnternehmerSein. Neu denken* ein Interview mit Thorsten Klinkner zu den Möglichkeiten einer eigenen Familienstiftung.[46]

Auf dem Weg in deine 1-Tage-Woche beschleunigen diese Konstrukte deine Entwicklung massiv, weil sie deinen Leistungszwang drastisch senken und deine Sicherheit erhöhen. Gerade die Kombination deiner veränderten Denkweise zu Zeit, dem Hebel über die Lebensziele deiner Mitarbeitenden und den steuerlichen Gestaltungen, bringt dich in eine völlig neue Dimension deiner persönlichen, unternehmerischen und vor allem zeitlichen Freiheit. Zugegeben, es dauert einige Zeit, bis du alles umgesetzt hast. Es ist ratsam, so vorzugehen, wie auch das Buch aufgebaut ist: Beginne bei dir und deinen Zielen. Dann nutze das Potenzial deiner Leute und gestalte abschließend deinen »Save-Room« und deine Steuern.

Mit Save-Room meine ich, dass du deine Konstruktionen im Idealfall so gestaltest, dass dein geschaffenes Vermögen nicht mehr in der Haftung steht und niemand anderer mehr auf dein Vermögen zugreifen kann. Deine zeitliche Freiheit könnte schnell enden, wenn aus irgendeinem Grund deine Einkommen versiegen oder du aufgrund eines Fehlers haftbar gemacht wirst und dein Vermögen verlierst. Seit Inkrafttreten des StaRuG (Stabilisierungs- und Restrukturierungs-Gesetz) im Januar 2021 haftest du als Geschäftsführer mit deinem gesamten privaten Vermögen. Aus der Gesellschaft mit beschränkter Haftung wurde die Gesellschaft mit »besonderer« Haftung. Daher ist es absolut essenziell, einen eigenen »Safe-Room« zu haben, damit du – im Fall der Fälle – nicht Jahrzehnte deiner Zeit für das Vermögen eines Insolvenzverwalters gearbeitet hast. Die Kombination von Familien-Genossenschaft und Familien-Stiftung hat sich hier extrem bewährt.

Fragen an dich:

- Wie wichtig ist es dir, dass deine Zahlungen an deine Mitarbeiter deutlich mehr netto Kaufkraft ergeben?
- Wie wichtig ist es dir, deine Steuerlast um die Hälfte bis zwei Drittel zu senken?
- Wie wichtig ist es dir, dass dein Vermögen in einem »Save-Room« geschützt ist und nicht vom Staat, dem Fiskus oder anderen Dritten angegriffen werden kann?
- Wie wichtig ist es dir, deinen Leistungszwang drastisch zu senken, um mit weniger Aufwand mehr zu erreichen?

Kapitel 36
Preise anders gestalten – Druck rausnehmen

»Watt kosten dann bei dir 1000 Bremsbelääch?« Ich musste den Hörer zehn Zentimeter vom Ohr weghalten, um einen Gehörschaden zu vermeiden.

»Guten Morgen, Herr Stockschläder« Ich nannte ihm einen Preis.

»Jut. Dann krieg isch jetzt noch 300 Maak vunn deer. So vieel Beläsch hammer de lätzte drei Johr bei deer jehulltt.«

»Schönen Tag noch, Herr Stockschläder.« Ich legte einfach auf.

(Nochmal vom Original-Ton im Dialekt der Eifel auf normales Deutsch: »Was kosten denn bei dir 1000 Bremsbeläge?«; »Gut, dann bekomme ich von dir noch 300 Mark, weil wir die letzten drei Jahre zusammen über 1000 Bremsbeläge bei dir gekauft haben.«)

Drei Monate später. »Schönen guten Morgen, Herr Zimmermann. Marnach hier von der Spedition *Stockschläder*. Wir könnten uns vorstellen, mal wieder 1.000 Bremsbeläge bei Ihnen zu bestellen.« Der neue Einkäufer säuselte mir vornehm ins Ohr. Ich fragte nach, wann sie die Bremsbeläge denn haben wollten. »Wenn der Preis stimmt, würden wir gleich bestellen und dann nach und nach einfach abrufen, wie wir sie brauchen.« »Also auch mal nur acht Stück?« »Ja genau. So wie wir sie dann brauchen.« Ich wünschte ihm einen schönen Tag und legte auf. So funktioniert das nicht. Wie soll sich das jemals rechnen? Mengentiefpreis bei Einzelanlieferung. Dieser Spediteur war keine Ausnahme – sondern eher die Regel. Das Spiel wird geändert. Und zwar sofort. Wir machen jetzt neue Spielregeln für unseren Markt. Vom Drauflegen kann keiner leben.

Zwei Wochen später starrte ich in die ungläubigen Gesichter meiner Verkäufer. »Ja tatsächlich. Für große Speditionen haben wir keine Bremsbeläge mehr im Programm«, teilte ich ihnen mit. »Drehst du jetzt völlig ab?«. Vielleicht. Zumindest veränderten wir den Kurs. Im damaligen Großhandel gingen die Spannen sehr weit auseinander. An LKW-Gelenkwellen hatten wir über 50 Prozent Marge. An Bremsbelägen für LKW und Anhänger hatten wir bares Geld mitgebracht.

Die Testfrage, mit welchen Geschäften wir mehr Zeit verbrachten, brauche ich hier gar nicht mehr zu stellen. Natürlich haben sich meine Leute massiv an den brüllenden Spediteuren abgemüht. Deshalb hatten sie keine Zeit mehr für die lukrativeren Geschäfte. Es sorgte anscheinend für mehr Adrenalin-Ausstoß, wenn man mich und andere mit aufgebrachten Diskussionen über billigere Preise nervte. Wie konnte das denn sein, dass alle anderen immer billiger liefern konnten als wir etc. Es wurde damals wirklich höchste Zeit, uns aus dieser Verlierer-Denkweise zu befreien.

Du kennst aus deinem Business sicher ähnliche Situationen. Der Grundsatz heißt schon immer: Vergleichbare Angebote tendieren zu einer Rendite von Null. Auf unser Thema *Wirklich erfolgreiche Unternehmer haben Zeit* bezogen, heißt das natürlich, dass wir unsere Angebote und unsere Preise aus der Vergleichbarkeit herausnehmen. Wir sollten keine Zeit an schlechte Geschäfte verschwenden und Leuten hinterher laufen.

Lkw-Bremsbeläge und LKW-Bremstrommeln hatten echte Minusmargen. Eine Palette mit 20 LKW-Bremstrommeln wog eine Tonne, musste im Hochregallager ein- und ausgelagert und anschließend aufwändig zum Kunden gebracht werden, die Außendienstler hätten auch gerne noch Gehalt und Provision etc. und die meisten Spediteure ziehen auch gerne noch nach drei Monaten vier Prozent Skonto ab. Und das für eine Rohmarge von damals 50 D-Mark an einer Palette. Da brauchten wir nicht lange nachrechnen. Hätten meine Verkaufshelden einfach noch die Flachmuttern zur Befestigung mitverkauft, hätten wir 250 D-Mark Rohmarge mehr gehabt. Dann hätte es sich gerechnet. Das Mitverkaufen von margenstarken Flachmuttern, Nieten und Rückzugsfedern, die fast zu 90 Prozent aus Marge bestanden, bekamen die Kollegen nicht hin. Also musste ich ein wenig nachdenken und die Randbedingungen ändern. Große Speditionen füllten sich die Lager und kauften möglichst billig ein. Während kleine Speditionen keine eigenen Vorräte hatten und den Bedarf dann nicht billig, sondern dringend deckten.

Die EKS lässt grüßen. Wir änderten daraufhin unser Preissystem. Es gab zwei klare Ansagen: Für kleine Speditionen gab es nur noch komplette Achspakete für 199 D-Mark (pro Achse acht Bremsbeläge, zwei Bremstrommeln, 64 Nieten, 20 Flachmuttern, acht Rückzugsfedern). Damit änderte sich die Marge von null auf 35 Prozent. Große Speditionen bekamen gar keine Angebote mehr. Punkt.

Ich wollte uns einfach preislich nicht mit dem Attribut »viel zu teuer« bei LKW-Kupplungen und LKW-Gelenkwellen dort ins Aus zu schießen. Da war es einfacher zu sagen, wir hätten es aus dem Programm genommen. Die EDV hatte ich schon ändern lassen. Der Einzelverkauf dieser Produkte war ab sofort nicht mehr möglich. Und die namentlich bekannten Spediteure hatte ich für die entsprechenden Produkte gesperrt.

Unsere 24/7-Serviceleistungen für Kupplungen und Gelenkwellen wurden von den großen Speditionen sehr geschätzt. Bei Bremsbelägen waren sie seit Jahren gewohnt, alle Mitbewerber zu quälen. Schrittweise führten wir solche Lösungspakete für alle preissensiblen Produkte ein. Trotz meiner seltenen Anwesenheit im Geschäft nahm ich weiterhin Einfluss auf die richtigen Stellen, wenn sich keine Lösungen von den eigenen Leuten abzeichneten. Das war auch für alle grundsätzlich in Ordnung. Solche rigorosen Änderungen waren sie nicht gewöhnt.

An den richtigen Stellen richtig zu schrauben, konnte ich meinen Leuten kaum abverlangen. Wie sollten sie auch selbst aus margenschwachen Zeitfressern und Frustfaktoren interessante Paket-Lösungen entwickeln können? Es war anfangs ungewohnt, dann fanden es alle gut. Auch unsere Wettbewerber. Drei Jahre später hatten alle anderen auch Paketlösungen. Diese drei Jahre Vorsprung erlebten auch die kritischen Außendienstler besser als ständiges dem Markt hinterherlaufen.

Einer Coaching-Kundin mit einem Blumen- und Grabpflegegeschäft gab ich den Tipp, ich könne als Mann bei ihr keine Blumen kaufen. Die fertigen Sträuße wären zwar schön nach Farben sortiert, aber das wäre mir zu kompliziert. Ich riet ihr, die Sträuße einfach nach drei klaren Preisstufen zu sortieren: Ein paar Sträuße für 15 Euro, viele für 25 Euro, wenige für 35 Euro. Fertig. »Mann« weiß doch, was man braucht, ein schnelles Geschenk für 25 Euro. Reinkommen, 25 Euro, einen schönen Strauß nehmen, zahlen, Beleg und Strauß mitnehmen, fertig.

Mit wenig Aufwand hat sie das exakt genauso umgesetzt und deutlich mehr Sträuße mit wesentlich höheren Margen ohne Warteschlangen verkauft. Mehr Zeit. Mehr Ertrag. Weniger Stress. Geht.

ZEIT haben, ist auch eine Frage der Preisgestaltung und der Einstellung dahinter. Verkaufen wir Zeit gegen Geld? Oder Ware gegen Geld? Oder lassen wir Lösungen für deren Probleme gegen eine angemessenes »Lösegeld« kaufen, wenn wir unsere Kunden von ihren dringendsten Problemen befreien?

Um dauerhaft Zeit zu haben, sollten wir unser Pricing überdenken. Zahlen mir Leute für einen einstündigen Vortrag einen vierstelligen Betrag pro Stunde? Oder honorieren sie damit die Vorerfahrung, die Expertise und die Unterhaltung für ihre Gäste? Mit welchem Mindset zu meinem Preis fahre ich besser?

Im *HIKE&STRIKE*-Programm zahlen die Unternehmer nicht dafür, dass ich anwesend bin, sondern für die Freiheit, ihre Zeit wieder selbst zu gestalten. Das Gleiche gilt auch für die Unternehmer-Podcasts. Hier zahlen die Banken nicht für die Aufnahmen, sondern für den Mehrwert, den sie an Tausende von Unternehmern ausspielen können. Je deutlicher wir unsere Zeit von unserer Wirkung entkoppeln können, desto intelligenter können wir unsere Preismodelle gestalten.

In meinem aktuellen Angebot bin ich ausschließlich im Jahresabo verfügbar. Egal ob ich *HIKE&STRIKE*-Gruppen begleite, Podcasts hoste oder Firmenkunden-Berater in Banken trainiere, die Angebote sind alle unabhängig vom tatsächlichen Zeitaufwand und basieren auf dem erwarteten Ergebnis. Es ist mir dabei auch egal, ob ich dann mal ein paar Tage mehr oder weniger Aufwand habe. Es werden keine Tagessätze mehr verkauft. Das Tauschen von Zeit gegen Geld hat aufgehört.

Bei meinen Bankkunden machen wir das ebenfalls so. Für immer wiederkehrende Fälle bieten wir halbfertige Lösungspakete an, wie z. B. Minimal-, Ideal- und Optimal-Lösungen für Hallenbau, private Hausfinanzierung, Maschinenkauf und Existenzgründungen.

Diese Lösungspakete bieten immer einen höheren Mehrwert als die einzelnen Produkte und sparen den Kunden immer eine Menge Zeit, weil wir sie einmal ganz grundsätzlich durchdenken und dann nur mit minimalen Zeitaufwand individualisiert einfach multiplizieren. Das entspannt alle und hebt den Mehrwert für die Kunden sowie den Ertrag für die Bank.

Fragen an dich:

- Wie kannst du nutzenorientiert Lösungspakete anbieten, in denen margenschwache mit margenstarken Produkten so kombiniert werden, dass für alle Beteiligten Mehrwerte entstehen?
- Wie kannst du deine Preisgestaltung ändern, um für Ergebnisse und geschaffenen Mehrwert bezahlt zu werden, damit du nicht mehr deine Zeit gegen Geld tauschen musst?
- Welche Lösungen aus anderen Branchen kannst du auf dein eigenes Geschäft übertragen, um dein Einkommen und deine Ertragsgestaltung von deinem persönlichen Zeiteinsatz zu entkoppeln und wirksamer zu arbeiten?

Ich würde lieber ein Prozent
aus den Bemühungen von 100 Leuten verdienen,
als 100 Prozent an meinen eigenen Bemühungen.

– Henry Ford –

Kapitel 37
Mit wem du zusammenarbeiten solltest – Kooperationen und Beteiligungen

»Ich würde lieber ein Prozent aus den Bemühungen von hundert Leuten verdienen als 100 Prozent an meinen eigenen Bemühungen.« Dieser Aussage von Henry Ford stimme ich zu 100 Prozent zu. Es bringt das Prinzip der 1-Tage-Woche auf den Punkt.

Das ist genau der Ansatz, den wir sowohl im eigenen Unternehmen als auch bei Beteiligungen verfolgen. Beteiligungen, bei denen deine Stärken zum Tragen kommen und du nur sehr wenig Zeit investieren musst, erzielen die besten Ergebnisse für deine zeitliche und finanzielle Freiheit. Die Grundhaltung einer vertrauensvollen Mehrfach-Gewinner-Strategie gilt auch besonders bei Beteiligungen. Natürlich kannst du dein Geld einfach irgendwo, z.B. an der Börse, anlegen und die Leute dort machen lassen.

Die strategisch sinnvollere Alternative mit ein wenig mehr Aufwand und deutlich besseren finanziellen Hebeln ist es, deine Stärken kooperativ in Beteiligungen aktiv zu investieren. Die große Kunst dabei besteht darin, strategisch zu schauen, wo du deine Stärken, dein Ikigai und deine Lebensziele so gezielt einbringen kannst, dass du damit einen hohen Mehrwert für alle Beteiligten schaffst – ohne dass du selbst zeitlich involviert bist. Das ist eine sehr komplexe Aufgabe.

Natürlich habe ich auch dafür ein persönliches Beispiel, um es zu verdeutlichen: Im Jahr 2021 habe ich mich über meine Familienstiftung an einer neugegründeten Wohnungsgenossenschaft beteiligt. Dabei sind ein guter alter Freund, sein Sohn, meine Tochter und meine Familienstiftung mit je 25 Prozent beteiligt. Weil der Freund auch Ulrich heißt, haben wir die Firma *U2-BesserWohnen eG* genannt. Ziel ist es, für alle auf Dauer ein nettes passives Zusatzeinkommen aus vermieteten, nachhaltig energetisch optimierten Immobilien aufzubauen – zunächst für die beiden Ulrichs und später für unsere Kinder. Wir kennen uns seit 35 Jahren. Unsere Kinder haben immer schon zusammen gespielt. Passend zu meinen

Stärken ist es meine Aufgabe, meine vorhandenen Bankkontakte und mein Finanzwissen miteinzubringen. Hier sollen die 25 Jahre Erfahrung im Bankensektor, die Erkenntnisse aus tausenden begleiteten Unternehmer-Bank-Gesprächen und mein Steuerwissen vergoldet werden. Da bin ich zuhause und das kenne ich. Das braucht es gerade und genau dafür werde ich an dieser Stelle »bezahlt«. Dadurch konnte ich die benötigten finanziellen Mittel in siebenstelliger Höhe für das erste Projekt beschaffen und das Konstrukt so aufsetzen, dass wir weder Körperschafts- noch Gewerbesteuer zahlen müssen. Mit der Fertigstellung dieses Buches sind alle Wohnungen vermietet. Die Verwaltung dieser Genossenschaft übernimmt meine Assistenz, die bereits einen ausgezeichneten Überblick über die Vorgänge hat. Der andere Ulrich ist in seinem Element, wenn es um die baulichen Herausforderungen geht. Hier blüht er auf. Er kann aus »Bruchbuden« tolle Häuser machen. Meine Tochter Leonie kümmert sich um das »Look & Feel« und Ulrichs Sohn Philipp war extrem fleißig in allen Bauphasen vor Ort aktiv.

Wenn alle ihre individuellen Stärken einbringen und wir alle die Unterschiedlichkeit der Beteiligten als Zugewinn erleben, hat diese Vorgehensweise extrem viel Charme. Diese nachhaltigen Wohnungen wären in dieser Konstellation nicht entstanden, wenn nicht jeder seine Stärken eingebracht hätte.

Meine Einladung an dich ist es, auch bei deinen Investitionen und Beteiligungen darüber nachzudenken, mit wem du deine Zeit verbringen möchtest. Die »richtigen« Menschen erhöhen die Lebensqualität. Das unsinnige Trennungskonzept von Work-Life-Balance spielt auch hier eine Rolle. Es macht keinen Sinn, einen Großteil seiner Zeit mit Menschen zu verbringen, die einem nichts bedeuten, um den restlichen Teil seiner Zeit mit Menschen zu verbringen, die man mag. Ideal wäre es, wenn wir unsere Zeit direkt mit den Menschen verbringen, die uns etwas bedeuten.

In den vorangegangenen Kapiteln haben wir uns bereits darüber verständigt, mit welchen Aufgaben wir unsere Zeit verbringen. In diesem und dem nachfolgenden Kapitel schauen wir uns an, mit welchen Menschen wir unsere Zeit am besten verbringen.

»Bei Geld hört die Freundschaft auf.« sagt der Volksmund. Und ganz oft hat er Recht. Wenn ein Geschäft schief geht, gehen oft das Geld und auch die Freundschaft verloren. Deshalb entscheiden sich viele Menschen dafür, ihre Geschäfte mit neutralen Personen zu machen, ohne emotionale Bindungen einzugehen. Das ist völlig nachvollziehbar. Aus der Perspektive der 1-Tage-Woche mit zeitlicher Freiheit und der Erkenntnis, dass Lebenszeit sehr begrenzt ist, lohnt es sich, diese Sichtweise zu überdenken.

Viele Unternehmer haben kaum Zeit für ihre Familie und ihre Freunde, da sie der Geschäfte wegen den größten Teil ihrer Zeit mit Menschen verbringen, die ihnen emotional gleichgültig sind. Die Entscheidungen für Zusammenarbeiten basieren meist auf fachlichen Gründen. Wenn wir unsere Zeit mit Freunden verbringen möchten, sollten wir vorher klären, wie wir die Gefahr eliminieren, im Stressfall Freunde UND Geld gleichzeitig zu verlieren.

Eigentlich ist es eine einfache Entscheidung, die immer ihren Preis hat. Entweder du vertraust niemanden und verschwendest deine Zeit mit Kontrolle und Menschen, die du nicht magst, oder du vertraust den Menschen, die du magst und mit denen du deine Zeit verbringst und nimmst gegebenenfalls den Verlust von Geld in Kauf, falls ein Geschäft schiefgeht. Den ersten Preis zahlst du immer. Bei der zweiten Option zahlst du nur vielleicht. Die Entscheidung kannst nur du selbst treffen. Erinnere dich an die 3in1-Regel aus Kapitel 24. Wenn jemand dein Vertrauen vorsätzlich missbraucht, ist immer »Game over«. Es ist so einfach, auch wenn es manchmal schmerzlich ist. Das Wort »Enttäuschung« signalisiert, dass das Ende der Täuschung erreicht ist. In gewisser Weise ist es gut, dass die Täuschung vorbei ist.

Mit Blick auf deine Lebensqualität, deine Lebenszeit und deine zeitliche Freiheit macht es absolut Sinn, sich intensiv mit der Qualität der Beziehungen zu den Menschen zu beschäftigen, mit denen du deine Zeit verbringst. Was ist es dir wert, deine Zeit mit Menschen zu verbringen, die dich mögen und die du magst?

Im nächsten Kapitel werden wir uns mit wertschätzenden und wertschöpfenden Menschen befassen.

Fragen an dich:

- Wo kannst du deine Zeit, deine Leidenschaft, deine Expertise, deine Kontakte, dein Ikigai und deinen Spaß in ein Mehrfach-Gewinner-Modell einbringen und gleichzeitig von anderen profitieren?
- Wer kann sein Business mithilfe deiner Stärken aufwerten und würde dir im Gegenzug eine angemessene Beteiligung statt eines Honorars gewähren?
- Mit welchen Menschen möchtest du deine Zeit verbringen?
- Was ist es dir wert, deine Zeit mit den für dich »richtigen« Menschen zu verbringen?

Investiere deine Zeit
weiser als dein Geld.
Investiere deine Zeit nur in
wertschätzende und wertschöpfende Menschen.
Verlorenes Geld kannst du wieder zurückgewinnen.
Zeit, die du an nicht wertschätzende
Menschen verloren hast, nicht.

– Ulrich Zimmermann –

Kapitel 38
Mit wem du Nicht zusammenarbeiten solltest – Zeiträuber eliminieren

»Es ist einfach. Er zahlt die 50 Euro oder er zahlt sie nicht. Fertig.« Ungläubig starrte mich Hartmut an, nachdem er von seiner heutigen Außendienst-Tour zurückgekehrt war. Er war völlig aufgelöst. Einer seiner Speditionskunden hatte sich furchtbar über 50 Euro Extragebühr für einen 24/7-Notdienst aufgeregt.

Am vorherigen Samstag war einer seiner 30 LKWs mit einem Kupplungsschaden zurückgekommen und sollte Sonntagabend wieder auf Tour. Alle Großhändler machten samstags um zwölf Uhr zu. Deshalb hat er unseren Notfall-Service in Anspruch genommen. Es ist der einzige Notfall-Service in einem Umkreis von 200 Kilometern. Die Service-Gebühren für diesen Notfall-Service waren allen Kunden bekannt. Wer als Mitarbeiter rausfuhr und half, bekam diesen Betrag als Zuschlag auf sein Gehalt. An jenem Samstagnachmittag hatte ich selbst diesem Spediteur die neue Kupplung verkauft und ihm geholfen, sodass er seinen LKW noch vor Montag wieder reparieren konnte und am Sonntagabend ab 22 Uhr wieder auf die Straße kam.

Ein LKW-Ausfall kostete einen Spediteur ca. 2.000 Euro pro Tag. Im Vergleich dazu spielten die 50 bis 250 Euro für einen Notfall-Service kaufmännisch keine Rolle. Das sagt der Verstand. Die Emotion sagt etwas anderes. In den Augen des Spediteurs, der die Kupplung selbst abgeholt und den Lieferschein inklusive der Position 50 Euro Notfallservice-Gebühr selbst unterschrieben hatte, habe ich unberechtigt zweimal verdient. Einmal an der Kupplung und dann noch ein weiteres Mal an der Service-Gebühr. Der Betrag war egal. Da ging es ihm um das Prinzip – mir auch.

Am Samstag hatte ich Freunde zu Besuch. Die Kaffeetafel habe ich für eine Stunde verlassen und dem Menschen die Kupplung herausgegeben. Alles halb so wild – zumindest bis zu dem Moment, in dem er meinen Hartmut »anmachte« und sich über die besprochenen und von ihm unterschriebenen 50 Euro aufregte. Außerdem hatte er Hartmut und mir den heutigen Abend »verdorben«.

Hartmut berichtete aufgeregt, der Typ wolle die 50 Euro nicht bezahlen, woanders würde er ohnehin mehr Rabatt bekommen etc. Preise durchzusetzen und den Nutzen zu verdeutlichen, war noch nie Hartmuts Stärke. Das war auch hier nicht das Problem. Die Grundhaltung des Spediteurs war das Problem. Er war generell nicht wertschätzend und ging geringschätzig mit allen Lieferanten um. Nur bei Kunden buckelte er. Da er nicht erkennen konnte, dass wir ihm aus der Patsche geholfen hatten, regte er sich über die 50 Euro auf. Es gibt recht viele Menschen, die eine geringschätzige Grundhaltung haben. Die angemessene Grundsatzfrage für uns lautet: Wollen wir unsere Lebenszeit für Menschen einsetzen, die unsere Zeit nicht wertschätzen? Wollen wir Zeit mit unnötigen Diskussionen vergeuden, nur weil andere nicht wertschätzend denken können? Wollen wir Menschen in unserem Umfeld, die uns und unsere Mitarbeitenden nicht wertschätzen? Meine Antwort ist klar: Ich für mich in meinem Leben definitiv nicht!

Der Spediteur hatte die 50 Euro von der Rechnung abgezogen, Deswegen habe ich ihn auf die schwarze Liste gesetzt. Keine Notfall-Einsätze mehr. Service nur noch innerhalb der regulären Öffnungszeiten. Fertig. Er rief am Wochenende nie wieder an und unter der Woche kaufte er ohnehin woanders. Wozu also die Aufregung?

Dieses Erlebnis hat mir bewusst gemacht, dass ich meine Leute und mich vor solchen Menschen schützen muss. Wie sollen sie sich über das normale Maß hinaus engagieren, wenn solche nicht wertschätzenden, negativen Typen ihnen die Stimmung ruinieren dürfen?

Einer meiner 1-Tage-Woche-Unternehmer hatte das Problem, dass ein paar seiner Mandanten in der Steuerberatung des Öfteren ausfällig gegenüber seinen Mitarbeitenden waren. Wir hatten seine Mitarbeitenden gebeten, hinter jeden Namen zwei Noten zu schreiben. Eine Schulnote von Eins bis Sechs für wertschätzend und eine Note für wertschöpfend. Danach war es nicht schwer, alle unter Drei an andere Steuerberater abzugeben. Eine Vier reichte eben nicht aus. Seitdem ist die Stimmung in der Kanzlei viel besser, weil sie die negativen Mandanten los sind und nur noch mit wertschätzenden und wertschöpfenden Menschen arbeiten.

In Banken lasse ich die Kunden immer nach drei Kriterien sortieren: strategische Finanzpartner, Pool-Kunden und Störer. Strategische Finanzpartner sind wertschätzend und wertschöpfend. Sie bekommen eine aktive systematische Betreuung, um ihre Lebensziele besser und sicherer zu erreichen. Pool-Kunden tauchen auf und wieder ab. Sie kaufen oder nicht. Alles im grünen Bereich. Die Störer sind die, die Stimmung, Zeit und Ertrag ruinieren. Es ist wichtig, die Kollegen davor zu schützen, sich an den Störern aufzureiben. Der Schaden ist viel größer, als er auf den ersten Blick erscheint. Störer ruinieren die Stimmung in der gesamten Mannschaft.

So macht beispielsweise der motzige Anruf am Freitagnachmittag die Stimmung der ganzen vergangenen Woche, das Wochenende und den motivierten Start in die nächste Woche kaputt. Vor lauter Beschäftigung mit Kleinkram für die Störer kommen die Berater nicht dazu, die strategischen Partner zu betreuen.

Am Ende sind die besten Leute mit den schlechtesten Kunden beschäftigt, müssen sich für schlechte Zielerreichung rechtfertigen und haben irgendwann genug. Es wäre unsere Aufgabe als Chefs gewesen, sie vor solchen Kunden zu schützen. 150 Prozent Rückendeckung für die Einladung an diese Menschen, sich einfach einmal auch bei anderen Anbietern zu »informieren«.

»Störer« sind grundsätzlich keine schlechten Menschen, aber sie passen besser zu anderen Anbietern. Unser Nutzen-Angebot und deren Zahlungsbereitschaft passen nicht zusammen. Manche werden es für arrogant halten, wenn wir sie »ausladen«. Ich denke einfach vorausschauend, weil wir uns und unsere eigenen Leute vor Demotivation und Zeitverschwendung schützen sollten.

In einer Bank bat mich der Vorstand, zusammen mit einem seiner Top-Berater den mit Abstand größten Kunden »sozialverträglich« auszuladen. Niemand wollte diesen Typen betreuen. Der Umsatz war grandios, die Margen extrem bescheiden und die Demotivation exorbitant. Der Kunde hatte einfach jeden fertig gemacht. Der Kaffee war nicht schwarz genug, der Löffel lag falsch, die Sonne schien nicht hell genug. Ein dreiminütiges Gespräch mit ihm ruinierte die Stimmung für einen Monat. Die besten Berater haben sich an ihm verschlissen. Es war Zeit, Adieu zu sagen. Die gesamte Mannschaft war dem Vorstand sehr dankbar, dass wir diesen Typen an andere Banken abgegeben haben. Es war grandios zu sehen, wie er mit seinem Bentley-Cabrio vom Hof fuhr – und das Beste war: *Wir* hatten *ihn* ausgeladen. Das war er nicht gewöhnt. Es liegt an uns, zu gestalten, mit wem wir und unsere Leute ihre Zeit verbringen. Wir sollten aus dem Zufall ein System machen.

Störer dürfen andere Anbieter schädigen. Wir verbringen unsere Zeit lieber mit wertschätzenden und wertschöpfenden Menschen. Dieser Bank-Vorstand hatte mich in seiner Karriere von einer Bank zur anderen mitgenommen. Wir haben wiederholt aus desaströsen Läden hervorragende Banken gemacht. Er war definitiv einer meiner Lieblingskunden. Wenn wir uns gegenseitig auch die Schulnoten für wertschätzend und wertschöpfend gegeben hätten, hätte bei beiden gegenseitig zweimal die Schulnote Eins gestanden. Leider ist er 2019 sehr früh und sehr plötzlich an einem Lungenleiden gestorben.

In unserem letzten Treffen im Flur auf dem Weg zur Mittagspause haben wir uns darüber unterhalten, dass es eine der wichtigsten Führungsaufgaben ist, die eigenen Leute und sich selbst vor Demotivation, Frust, Enttäuschung und Zeitverschwendung mit negativen Typen zu schützen.

Wenn wir unsere zeitliche Freiheit leben wollen, sollten wir uns definitiv davor schützen, unsere Lebenszeit mit Menschen zu verbringen, die unseren Einsatz nicht wertschätzen. Das spart uns jede Menge Zeit, die wir besser mit den Menschen verbringen, die uns guttun.

Fragen an dich:

- Wer sind die wertschöpfenden und wertschätzenden Menschen in deinem Leben, sei es bei Kunden, Mitarbeitenden, Kollegen, Lieferanten oder Dienstleistern?
- Wann wirst du dich auf die wertschätzenden Menschen konzentrieren und die anderen systematisch an andere abgeben?

- Welche Schulnote würdest du und dein Unternehmen wohl auf deren Liste für wertschätzend und wertschöpfend erhalten? Was wäre angemessen?
- Mit welchen wertschätzenden und wertschöpfenden Menschen möchtest du mehr Zeit verbringen, und wie kannst du ihnen etwas Wertvolles zurückgeben?

Es gibt Diebe,
die nicht bestraft werden
und einem doch das Kostbarste stehlen:
die Zeit.

– Napoleon –

Kapitel 39
Was du aufgeben solltest: Recht haben

»Wie viel Zeit, Geld und Nerven willst du denn da reinstecken? Lass sie einfach laufen.« Mein leise angedeutetes »Ja, aber ...« hörte Hartwig H. – mein Rechtsanwalt seit vielen Jahren – schon im Voraus.

»Hast du einen unterschriebenen Mietvertrag? Am Ende bist du drei Jahre älter, hast vielleicht Recht bekommen und dann teilst du die Kohle auch noch mit dem Finanzamt. Hake sie ab und konzentriere dich auf dein Geschäft.«

Ich hatte eine Mieterin spontan einziehen lassen, ohne dass ein Vertrag unterschrieben oder eine Kaution überwiesen wurde. Jetzt stand das Zimmer wieder leer, sie hatte keine Miete bezahlt und nach vier Wochen war sie wieder ausgezogen, obwohl sie für sechs Monate gemietet hatte.

Nur eines von vielen Beispielen, die du sicher auch kennst: Man ist nett und zahlt am Ende auch noch die Zeche. Mein vertrauter Rechtsanwalt hat mich an meine eigenen Prinzipien erinnert. Natürlich wäre eine Klage für ein paar Euro völlige Zeitverschwendung. Sowohl für mich als auch für ihn. Wir hatten sicher besseres zu tun, als unzuverlässigen Menschen unsere Lebenszeit hinterherzuwerfen. Manche Zeitfresser nehmen wir als normal hin, so als wären sie halt schon immer da. Einer dieser unbewussten großen Zeitfresser ist das ständige »Recht haben wollen«. Viele Menschen wollen um jeden Preis Recht haben, egal worum es geht. Schon aus Prinzip.

»Recht haben wollen« ist eines der teuersten und zeitraubendsten Hobbys, die man haben kann. »Recht haben wollen« kostet Geld, Nerven, Lebensqualität und verschlingt endlos Zeit. Natürlich hätte ich Recht damit gehabt, dass diese Frau sechs Monate mieten wollte. Ja, ganz sicher. Aber was hätte es mir außer Ärger eingebracht? Wie oft stehen wir vor solchen Situationen, in denen man sich besser fragen würde, ob Aufwand und Wirkung in irgendeinem vernünftigen Verhältnis stehen. »... aber wir sind doch im Recht«, »... aber es ist doch nicht richtig.«,

»… aber die müssten doch ...« – das Festhalten am »Recht haben wollen« kostet uns Unmengen an Zeit.

Überlege sorgfältig, ob es den Preis wert ist, »Recht zu haben«. Ein netter Indikator ist das Wörtchen »doch«. Wenn du es verwendest, denke gut darüber nach, welche Folgen es für dich hat. »Doch« ist immer ein Anzeichen dafür, dass jemand »Recht haben« will und denkt, dass es anders sein müsste – nämlich in seinem Sinne. Sei souverän und stehe darüber. Nutze deine Zeit lieber für Dinge, die dir gut tun.

Fragen an dich:

- Wo verlierst du Zeit, indem du unbedingt »Recht haben« willst?
- Wo solltest du nach intelligenten, zukunftsorientierten Lösungen suchen? Oder es einfach als Leergeld (nicht Lehrgeld) abhaken?

Kapitel 40
Mitarbeitende zu Fans machen – Magic Moments für Mitarbeitende

Vollmond. Die Burgmauern flackern im Schein des Lagerfeuers. Ein Käuzchen ruft aus der schwarzen Nacht. Es gibt Schnaps aus Kuhhörnern. Als Weihnachtsmann mit weißem Bart, rotem Mantel und schwarzen Stiefeln kann ich die Leute für ein grandioses Jahr loben und sie sich feiern lassen. Die Weihnachtsfeier auf der Ehrenburg war legendär.

Das Wochenende in Paris war grandios. Michael kam selig wieder zur Arbeit und wurde mit dem Erzählen gar nicht fertig. Er hatte mit seiner Frau eine großartige Zeit. Vier Tage Paris.

Rainer kam aus New York zurück. Fünf Tage war er mit seiner Frau und Kollegen anderen Großhändler unterwegs. Erlebnisse, die sich weder Rainer noch Michael sonst geleistet hätten.

Sie ist Borussia-Mönchengladbach Fan, alles in schwarz-gelb. Auch der neue Mini-Cabrio, den Björn seiner neuen Assistentin nach der Probezeit als Firmenwagen übergibt.

Der gemeinsame Kinoabend hat ihnen gutgetan. Beide arbeiteten sehr engagiert bei Björn. Die Kinokarten kamen einfach zum richtigen Moment. Pure Freude.

Der Meister wunderte sich, als Gerd ihm seinen *Jaguar iPace*-Schlüssel in die Hand drückt. »Nimm du am Wochenende mal mein Auto. Mach eine nette Tour mit deiner Frau. Bis Montag. Es ist einfach großartig, wie du reinhaust. Danke.«

Kleine Gesten mit großer Wirkung. Wenn wir eine Idee davon entwickeln, was unseren Leuten gut tut, können wir sie mit sehr wenig Aufwand zu echten Fans machen. Die meisten reisen gerne. Ich habe einfach für alle zwei Kreditkarten besorgt. »Zahlen Sie einfach mit Ihrem guten Namen.« Alle Rewardpunkte habe ich bei mir gesammelt und in Hotelgutscheine getauscht. Diese 40 Kreditkarten haben uns vielleicht 400 Euro im Jahr gekostet. Vor Steuer. Also netto 280 Euro. Die Autos waren eh da. Der Sprit lief über die Firma. Es war leicht, einzelnen Leuten unerwartet als Extra-Lob mal einen Hotelgutschein zu schenken und ihnen mal so eben zwei Tage freizugeben. Es war auch leicht, die Einladung zur Händlerreise des Lieferanten nicht selbst anzutreten, sondern Rainer, meinen Leiter für den Einkauf, nach New York fliegen zu lassen.

Die Haltung dahinter macht den Unterschied. Ich habe es einfach gemacht, weil ich es den Leuten gönne. Ohne Bedingungen daran zu knüpfen. Ohne Wettbewerb. Ohne Rangliste. Einfach so, weil es gut ist. Einfach so, weil es allen gut tut. Weil es kein »Wenn, dann …« hatte, kam es gut an. Björn ist einer meiner 1-Tage-Woche-Unternehmer und nimmt alle Ideen auf. Er setzt nie nur 100 Prozent, sondern immer 150 Prozent um. Seine Assistentin wusste nicht, dass sie einen Firmenwagen bekommen sollte. Björn wusste, dass sie Borussia-Fan ist und gerne Cabrio fährt. Schon allein die Idee, den Wagen in Borussia-Farben zu besorgen, ist grandios. Mit minimalem Aufwand bekam er so eine Punktlandung hin. Das, was rüberkommt, ist: Der interessiert sich wirklich für mein Leben. Das schafft echte Fans. Die Haltung macht den Unterschied.

Wir machen das, weil es einfach gut ist. Als Nebeneffekt schaffen uns unsere Leute dann den passenden Freiraum. Wirklich als Nebeneffekt, ohne Tauschgeschäft, kein »Ich gebe dir ein Cabrio, dann musst du mehr leisten.« Diese Magic-Moments entstehen, weil wir sie aus reiner Freude daran erschaffen. Absichtslos. Wir machen es, weil wir es können, nicht, weil wir es müssen. Ohne Bestechung. Freiwillig. Ungezwungen. Ohne geplantes System. Spontan. Fans halten dir den Rücken frei, ziehen andere tolle Mitarbeitende an und machen mehr Freude.

Fragen an dich:

- Wem könntest du einfach einmal so einen Gefallen tun? Einen Wunsch erfüllen?
- Woran hätte jemand Spaß?
- Wie kannst du bei deinen Mitarbeitenden (und bei dir) für glänzende Augen sorgen?

Kapitel 41
Was du von anderen Unternehmern lernen kannst – Drei Praxisbeispiele

Drei Branchen, drei Beispiele: Was anderswo als völlig unmöglich scheint, ist hier normal. Diese drei Unternehmer haben das *HIKE&STRIKE*-Jahresprogramm »Der Weg zur 1-Tage-Woche« durchlaufen. Den Wandel in ihren Unternehmen haben sie eigenständig umgesetzt. Wir waren dreimal je drei Tage wandern und hatten monatlich sowohl ein Einzel- als auch ein Gruppencoaching.

Die Gruppe haben wir zu zweit begleitet. Mein Kollege Wolfgang Sauer hat sich mit seinem Hintergrund als Mental-Coach auf die innere Führung konzentriert, während ich mich mit meinem Unternehmerhintergrund auf die Strategie und die äußere Führung fokussiert habe. Die Veränderung beginnt im Kopf.

Praxisfall 1: Handelsunternehmen

Ausgangssituation:

Burkhard Glaser, 37, ist Gesellschafter und Geschäftsführer einer Handelsgruppe mit 80 Millionen Euro Umsatz. Sein heutiger Minderheits-Mitgesellschafter hatte ihn vor vielen Jahren von seiner Hausbank abgeworben, wo der Unternehmer von Burkhard als Firmenkundenberater einer regionalen Volksbank betreut wurde. Auch damals hatte ich Burkhard schon einmal im Training.

Burkhard nutzte das Angebot des Unternehmers und übernahm das Unternehmen nach und nach mehrheitlich durch ein klassisches *Management-Buy-In*. Das lukrative Geschäft in der bisherigen Form wird es auf Dauer nicht mehr so geben, da sich die Märkte massiv verändert haben. Deshalb nutzt Burkhard die Stärken, die Beziehungen und die Finanzkraft des aktuellen Handelsunternehmens, um eine Handelsgruppe zu schaffen, die nicht mehr von nur einem Rohstoff abhängig ist. Dazu kauft er gezielt andere Unternehmen zu, die die gleichen Zielgruppen ansprechen und sich ergänzende Angebote haben.

Zielsetzung:

Die Gefahr beim Zukauf von Unternehmen und deren Integration ist hoch, extrem viel Zeit zwischen den operativen und strategischen Aufgaben und den Standorten auf der Straße zu verlieren. Burkhards klares Ziel für die Jahresbegleitung war, den Unternehmensumbau zu schaffen und dabei wirklich Zeit für seine junge Familie, sprich für seine Frau und seine beiden Kinder im Alter von drei und einem Jahr zu haben.

Mission accomplished:

Das Ziel ist erreicht. Burkhard hat die *HIKE&STRIKE*-Jahresgruppe genutzt, um sein unternehmerisches Talent weiterzuentwickeln. Die Kunst bestand darin, von Anfang an die Strukturen in den zu übernehmenden Firmen so aufzubauen, dass seine Anwesenheit nicht zwingend erforderlich ist.

Die Erfolgsfaktoren:

Die Haltung des Mehrfach-Gewinner-Modells, Vertrauen und Zutrauen, Menschen groß zu machen und Raum für Entwicklung zu geben, haben ihm geholfen, sein Ziel zu erreichen. Er denkt und handelt wie ein Aufsichtsratsvorsitzender und lebt sein Ikigai als Unternehmensgestalter.

Sein ideales Zielbild ist zu 100 Prozent klar: Er gestaltet alles so, dass Familie und Unternehmen immer im Fokus sind. Strategie und Kultur seiner Unternehmensgruppe sind seine Aufgabe, den Rest übernehmen die Geschäftsführer. Das funktioniert nicht immer, aber meistens. Er bleibt fokussiert. Unternehmen an mehreren Standorten mit 30 Mitarbeitern und anderen Produkten neigen schnell zu Ablenkungen. Diese Gruppe hat ihm sehr genützt, den Fokus beizubehalten.

Mit seinem dreijährigen Sohn hat er vereinbart, dass Papa nur alle zwei Wochen eine Nacht nicht daheim ist. Abends liest er seinen Kindern ihre Gute-Nacht-Geschichte vor. Burkhard hat seine zeitliche, persönliche und unternehmerische Freiheit erreicht.

Praxisfall 2: Immobilienunternehmen

Ausgangssituation:

Björn Erhard, 45, ist Immobilien-Unternehmer. In den letzten 18 Jahren hat er aus dem Nichts ein beeindruckendes Immobilienportfolio mit über 300 Wohnungen, 20 Gewerbeeinheiten und einem Gewerbepark aufgebaut.

Seine Wertschöpfungskette ergänzt sich mittlerweile durch eine eigene Hausverwaltung mit insgesamt 3.500 betreuten Wohneinheiten und eine Facility-Management-Firma. Gleichzeitig ist Björn seit 2021 damit beschäftigt, den ersten privaten Prüfungsverband für Kleingenossenschaften, den DIVK (Deutscher Interessenverband der Kleingenossenschaften e.V.), aufzubauen. In der 93. Folge »Warum die eG die bessere GmbH ist.« meines *WegeBedarf*-PodCast *UnternehmerSein. Neu denken*- erklären wir die Hintergründe. Kein Wunder also, dass der Verband bereits über 300 Mitgliedsunternehmen hat.

Als wir uns vor ein paar Jahren kennenlernten, hatte Björn drei Mitarbeitende, die die Bau- und Reparaturtätigkeiten an seinen Immobilien übernahmen, aber eigentlich hatte er keinerlei Lust mehr auf Mitarbeiter, da sie viel zu viel Stress machten. Schließlich entließ Björn sie. Er kümmerte er sich lieber immer selbst um alles, damit es dann auch richtig erledigt war.

Wir haben uns 2019 in einem Bankgespräch kennengelernt. Sein Bankberater war in einem Trainingsprogramm seiner Bank und sollte – wie alle anderen Kollegen – regelmäßig Feedback von mir zu seinen Gesprächen bekommen, im sogenannten ToJ – »Training-on-the-Job«.

Der Bankberater kannte Björns Faible für das geschickte Spiel mit diversen Rechtsformen und meines auch. Sein Plan, um sein Feedback drumherum zu kommen, ging auf. Er brachte uns ins Gespräch, versorgte uns mit Kaffee und lauschte gespannt, was sich zwei – damals noch – fremde Unternehmer zu sagen hatten.

Um es mit einem Zitat aus dem Film *Casablanca* mit Humphrey Bogart zu sagen: »Der Beginn einer wunderbaren Freundschaft.« Nach diesem Gespräch haben wir erst einmal die Satzungen unserer Familienstiftungen ausgetauscht. Björns Wunsch nach einem weiteren Gespräch kam der Berater gerne nach.

Wir blieben locker in Verbindung. Am ersten Tag des Lock-Downs wegen Corona rief Björn überraschend an: »*Du machst doch Beratungen. Kannst du auch Corona-Beratung?*« Die Idee war sehr clever. Wenn wir neue Ertragsfelder bei seinen 20 gewerblichen Mietern finden würden, die auch trotz Corona funktionieren, könnten diese ihre Mieten weiter bezahlen. Das habe ich natürlich sehr gerne gemacht. Corona hatte zu 100 Prozent Auftragsausfall bei mir und meiner Frau geführt. 20 Mal Corona-Beratung wäre ein guter Puffer gewesen. Und ich hatte ja – diesmal unfreiwillig – viel Zeit.

Diese 20 Fälle allein würden ein Buch füllen. Die *WegeBedarf* Podcast *UnternehmerSein. Neu denken-* Folge 5 gibt dir viele Einblicke. Während unserer Treffen sprachen wir auch immer wieder über Björns zeitliche Belastung und die 1-Tage-Woche. Zu der Zeit war Björn noch eine One-Man-Show und erledigte alles selbst. Wirklich 24/7. Rundum die Uhr.

Zuerst haben wir an Björns Führungs-Mindset gearbeitet und zügig seine erste Assistenz eingestellt. Er ist immer weiter gewachsen. Mein eBook *Wirklich erfolgreiche Unternehmer haben Zeit – die zehn Wirksamsten Hebel auf deinem Weg vom Hamsterrad zur 1-Tage-Woche*[47] hat er schier aufgesaugt. Aus jedem der zehn Kapitel hat er ein Schulungsvideo für seine Leute gemacht.

Zielsetzung für seine Teilnahme an der Jahresgruppe:
Im März 2022 ist Björn mit der klaren Zielsetzung in der *HIKE&STRIKE*-Gruppe gestartet, endlich wieder mehr Zeit für sich und vor allem für seine beiden Kinder im Alter von 13 und 15 Jahren zu haben.

Mission nearly accomplished:
Schon vor dem Jahr *HIKE&STRIKE* haben wir viele Strukturen gelegt, die sich in der Jahresgruppe bestätigt und verfestigt haben. Nach drei Jahren Vorarbeit war nicht so viel wirklich Neues dabei. Wir konnten vieles stabilisieren. Es hat sich sehr deutlich gezeigt, dass die Mehrfach-Gewinner-Denkweise funktioniert. Gerade in Bezug auf die Einstellung zur Führung und zu den Mitarbeitenden ist es phänomenal, was sich alles verändert hat und was nun möglich ist.

Vor drei Jahren hatte Björn eigentlich keine Mitarbeiter mehr. Der Frust über unzuverlässige Menschen war zu groß. Heute beschäftigt er ca. 40 Leute. Björn genießt es, zu sehen, wie sie sich entwickeln, wie sie an ihren Aufgaben wachsen und wie seine Unternehmen ohne seine permanente Anwesenheit im Tagesgeschäft erfolgreich funktionieren.

Sein Ikigai ist es, den Raum für Wachstum zu schaffen – im doppelten Sinne: als Wohn-Raum und auch als Arbeits-Raum. Das gelingt ihm phänomenal. Björn war schon immer extrem zielstrebig. Er setzt nicht 100, sondern 150 Prozent um. Seine Veränderung in der Führung ist mehr als beeindruckend. Während er früher »nur Idioten, die zu blöd zum geradeaus laufen sind« beschäftigt hatte, hat er jetzt das »beste Team der Welt«. Mit dem Bewusstsein, dass er mit dieser Einstellung für alle viel mehr bewegt, konnte er gut eine Hausverwaltungsfirma mit über 3.000 betreuten Wohnungen übernehmen.

Die Mitarbeitenden blühen spürbar auf. Björn hat sie aus ihrer Zwergenzucht befreit und gibt ihnen den Raum für ihr persönliches Wachstum. Die Arbeit macht endlich wieder Spaß. Die Leute bekommen Wertschätzung und Anerkennung. Björn sieht sie größer als sie sich selbst. In diesen Raum können sie wachsen. Wenn sie die Einladung annehmen.

Der frühere Chef erklärte mir höchstpersönlich: »Die Leute sollen hier nicht denken, die sollen einfach arbeiten.« Mit dieser Haltung hatte die Firma vor der Übernahme eine Fluktuation von deutlich über 20 Prozent. Mit permanentem Suchen und Einarbeiten neuer Leute verbrannten sie jede Menge Zeit und alle Erträge.

Nach der Übernahme ist ein für alle attraktives Zielbild entstanden: Ende 2024 werden sie die beste Hausverwaltung im Großraum Hannover-Hildesheim sein (Stand Juni 2023). Natürlich als Mehrfach-Gewinner-Modell für die Mitarbeiter, die Mieter und die Besitzer der Wohnungen. Welcher Immobilienbesitzer lechzt nicht nach einer wirklich guten Hausverwaltung? Während früher nur lästige Aufgaben abgearbeitet wurden, ist jetzt allen das Privileg bewusst, das zweistellige Millionenvermögen der ca. 3.000 Wohnungsbesitzer zu betreuen und deren Vertrauen und Zutrauen wertzuschätzen. Diese Haltung lebt Björn vor. Seine Leute füllen es in seinen 16 Firmen mit Leben.

Björn hat jetzt Zeit für seine Kinder, seine Freunde und neue Geschäfte. Er genießt es, neue Ideen rund um Immobilien zu generieren, aufzusetzen, immer weitere neue Synergien zu schaffen und dabei zu beobachten, wie seine Mitarbeitenden mitwachsen. Er ist im Flow. Meistens. Auch hier gibt es – wie überall – mal Rückschläge. Aus denen lernen alle, noch besser zu werden.

Erfolgsfaktor:
Björn hat hautnah erlebt, wie sich Menschen entwickeln, wenn man sie so sieht und behandelt, als wären sie schon so, wie man sie gerne hätte. Diese veränderte Einstellung hebt seinen Erfolg massiv. Er hat das beste Team der Welt. So sieht er sie und so führt er sie. Auch seine Auszubildende behandelt er so, als wäre sie bereits jetzt seine Topassistenz – und nicht die Azubi, die erst in drei Jahren ausgelernt sein wird.

Weil Björn immer 150 und nicht 100 Prozent umsetzt, hat er die Idee, die Lebensziele seiner Mitarbeitenden zu Firmenzielen zu machen, in sein Meisterstück verwandelt. Er hat alle zu Intrapreneuren gemacht – zu Unternehmern in seinem Unternehmen. Alle sind Mitglied einer eigenen Mitarbeiter-Genossenschaft. Diese Mitarbeiter-Genossenschaft ist an Björns Firmen beteiligt und baut Immobilien-Vermögen für die Altersvorsorge der Mitarbeiter auf. Eigenverwaltet durch die Mitglieder. Alle profitieren von günstigem Wohnraum für sich und später von den Mieten für ihre Altersvorsorge. So bauen sie sich durch ihr Engagement im Tagesgeschäft ihre eigene Altersvorsorge auf.

An dieser Erfolgsstory arbeitet Björn schon seit 18 Jahren, mit extrem viel Fleiß und sehr cleveren Ideen. Die Leichtigkeit und die Souveränität in der Führung haben sich seit unserer Zusammenarbeit eingestellt. Die *HIKE&STRIKE*-Jahresgruppe war die Abrundung für seine persönliche unternehmerische und zeitliche Freiheit. Der nächste gemeinsame Schritt besteht darin, die gemeinsame Unternehmer-Community, in der wir auch anderen Unternehmern aus der Praxis für die Praxis diese Hebelwirkungen ermöglichen, zu gründen. Die *100Plus.Community*. Von Unternehmer zu Unternehmer.

Möchtest du mehr zu Björn Erhard erfahren? *WegeBedarf*- Podcast *UnternehmerSein. Neu denken* Folge 6: *Vom Kaminbauer zum Immobilieninvestor* und Folge 93: *Warum die eG die bessere GmbH ist.*

Praxisfall 3: Steuerberater, Steuerunternehmer

Ausgangssituation:

Nelson Cremers, 51, ist Steuerberater mit 35 Mitarbeitenden. Seine Steuerkanzlei ist äußerst gut strukturiert und perfekt organisiert. Alles ist minutiös durchgetaktet – ebenso wie Nelson selbst. Dank dieser straffen Organisation konnte er alle drei Monate für drei Wochen nach Portugal fahren, um sich zu erholen.

Zielsetzung:

Sein Ziel mit der *HIKE&STRIKE*-Jahresgruppe war es, sich so zu verbessern, dass er künftig vier statt drei Wochen nach Portugal fahren könnte. Das eigentliche Problem war offensichtlich. Ob er nun drei oder vier Wochen in Portugal sein könnte, würde kaum einen Unterschied machen. Dass er sich in den drei Monaten davor so »fertig« machte, dass er diesen Urlaub wirklich »brauchte«, war das eigentliche Problem. Aus meinen Autoteile-Zeiten konnte ich ihm glaubhaft versichern, dass Batterien nach drei Tiefentladungen auf den Schrott kommen. Zusammen mit seiner Frau hatten wir einen Tag *Test-Hike*. Die Erkenntnis war schnell klar: Wir arbeiten an den drei Monaten »sich selbst nicht mehr fertig machen« und nicht an drei oder vier Wochen Urlaub.

Im ersten HIKE wurde ihm bewusst, dass sein eigentliches persönliches Ziel viel größer war, als ein paar Mandanten zu betreuen und einigen wenigen Menschen dabei zu helfen, ihre Steuerlast zu senken und ihr Vermögen vor fremdem Zugriff zu schützen. Er erkannte sein Potenzial, hunderten Unternehmern zu helfen, wenn er sich anders positionierte. Seit dem ersten Hike kennt er sein Ikigai: Steuergerechtigkeit schaffen. Er verhilft mittelständischen Unternehmern zu dem Steuerwissen, das die »Großen« bisher immer deutlich besser gestellt hat.

Nelson ist heute zweifellos einer der Top-Five-Steuergestalter für mittelständische Unternehmer in Deutschland. Sein neues Ziel für das Jahresprogramm war also, seine Leute so zu befähigen, dass sie das Tagesgeschäft mit den Mandanten souverän beherrschen und Nelson sich auf sein Herzensprojekt konzentrieren konnte: Möglichst vielen Menschen Steuergerechtigkeit zu ermöglichen.

Mission accomplished:
Nelson ist noch zwei Tage pro Woche operativ in seiner Kanzlei tätig. Sein Herzensprojekt – Ausdruck seines Ikigai- ist sein Steuer-Mentoring-Programm für Unternehmer. Das läuft äußerst erfolgreich. Durch seine Webinare und sein Mentoring-Programm erreicht er hunderte von Unternehmern. Er lebt sein Ikigai. Mittlerweile verbringt viel Zeit in seiner Wohnung in Portugal. Nicht weil er sich erholen muss, sondern weil es geht. Mal sind es vier, mal sechs Wochen. Nelson fokussiert sich ausschließlich auf die Dinge, die ihm Freude bereiten.

Seine Erfolgsfaktoren:
Vertrauen und Zutrauen. Er lässt seine Leute in Ruhe arbeiten und gibt ihnen Raum zur Entfaltung. Er schenkt ihnen Vertrauen und Zutrauen. Seine Haltung des Mehrfach-Gewinner-Modells, macht seine Mitarbeitenden groß und stolz. Er hat ihnen Raum für Entwicklung gegeben. Das hat ihn sein Ziel erreichen lassen.

Bei einem Coachingcall in der Jahresgruppe schockte er uns mit der Nachricht, er habe sechs Mitarbeiter verloren. Dann lachte er und sagte: »Das war zwar teuer, aber hat sich gelohnt« Die sechs Mitarbeitenden, die gegangen waren, wollten weiterhin ohne eigene Verantwortung arbeiten. Verantwortung für Ergebnisse zu tragen, war ihnen zu anstrengend. Jetzt hat er sieben neue tolle Leute gefunden, die sich freuen, in einer Firma zu arbeiten, in der sie ihre PS auf die Straße bringen dürfen. Die in ihren Aufgaben mit Verantwortung aufgehen. Ein Win-Win für alle.

Auch bei den Mandanten gab es eine höhere Fluktuation. Nelson hat nach einigen Jahren die bisher unveränderten Preise auf das aktuelle Niveau angepasst. Wir haben die Listen mit wertschätzenden und wertschöpfenden Kunden gemacht. Dabei gab es einige, die wenig wertschätzend und aggressiv mit seinen Mitarbeitenden umgingen. Auch hier haben wir die wenig wertschätzenden Kunden weiterziehen lassen und damit Raum für neue wertschätzende und wertschöpfende Mandanten geschaffen. Die Warteliste war lang genug.

Bei Nelson hat die *HIKE&STRIKE*-Jahresgruppe ebenfalls seinen Fleiß und sein Engagement der letzten Jahre abgerundet. Er hat nun seine zeitliche, persönliche und unternehmerische Freiheit zurück.

Mehr zu Nelson Cremers? *WegeBedarf*-Podcast *UnternehmerSein. Neu denken*: Folge 077: *von SteuerBeratern, SteuerVerwaltern, SteuerGestaltern und SteuerUnternehmern.*[48]

P.S.: Im Sommer hat Nelson alle Teilnehmer seines Steuer-Mentorings nach Düsseldorf zu einem *TaxDay* eingeladen. Nach seinem Vortrag zu Steuer-Unternehmern wäre für die 50 Teilnehmer eigentlich Kaffeepause gewesen. Stattdessen hat Nelson von seinem Ikigai erzählt, und dass er dieses Herzensprojekt nur angehen konnte, weil ich ihm im *HIKE&STRIKE*-Jahresprogramm geholfen habe, sich so aus dem Tagesgeschäft herauszuziehen. Erst dadurch hatte er die nötige Zeit und Muße, sich diesem Steuermentoring-Programm zu widmen. Mehr Anerkennung geht kaum noch. Das war eine sehr umringte Kaffeepause.

Schlusswort: Deine nächsten Schritte auf dem Weg zu deiner 1-Tage-Woche

Du hast nun viele Einblicke in mein Leben bekommen und sehr viele Anregungen und Gedanken aufgenommen. Sicher hast du erkannt, dass deine zeitliche Freiheit – nennen wir sie die 1-Tage-Woche – definitiv keine Raketenkunst ist. Sie ist für jeden möglich. Du bist selbst der Startknopf. Du kannst modular die meisten Ansätze 1:1 übertragen und andere getrost weglassen. Welche Handlungs-Alternativen hast du jetzt? Du hast wie immer die Wahl zwischen mehreren Wegen.

Option 1: Du kannst alles so lassen, wie es ist
Vielleicht ist es ja gar nicht so schlimm. Du legst dieses Buch einfach weg und bleibst innerhalb deiner bisherigen Komfortzone. Es funktioniert schließlich alles irgendwie. Komme gerne wieder auf mich zurück, sobald du bereit dafür bist.

Option 2: Du kannst dich vorsichtig weiter annähern
Lasse das Buch in Sichtweite liegen, blättere immer mal wieder darin. Höre immer mal wieder meinen *WegeBedarf*-Podcast *UnternehmerSein. Neu denken* – leichter, menschlicher und nachhaltiger. Beginne parallel mit kleinen Schritten, dir deine zeitliche Freiheit zurückzuerobern.

Option 3: Alleine richtig starten
Nimm dir das Buch noch einmal richtig gründlich vor. Die Fragen am Ende jedes Kapitels werden dich leiten. Was für dich nicht passt, lässt du einfach weg. Ich freue mich, wenn du gelegentlich über deine Erfolge berichten magst. Setze dich z. B. jede Woche mit einem Kapitel intensiv auseinander und beantworte alle Fragen nach und nach. Manches kannst du bereits sofort umsetzen. Für eher grundsätzlichere Dinge brauchst du ein wenig länger. In Summe kannst du innerhalb eines Jahres die meisten Tipps umsetzen und stolz deine neue zeitliche Freiheit genießen.

Option 4: Lass dich begleiten

Du kannst mich und auch andere *UnternehmerMenschen* zu deiner Unterstützung nutzen. Die große Idee hinter der 1-Tage-Woche heißt »UnternehmerSein. Neu denken«. Von »höher, schneller weiter« zu »leichter, menschlicher, nachhaltiger«. Dazu haben wir die *100Plus eG* gegründet. In dieser Community sammeln sich Menschen, die ähnlich ticken und sich gegenseitig beim Optimieren ihrer nachhaltigen Lebensqualität unterstützen. Wirklich erfolgreiche Unternehmer haben Zeit, verdienen Geld, zahlen keine unnötigen Steuern und sind immer nachhaltiger unterwegs.

Wir haben sie ganz bewusst als Genossenschaft organisiert, damit sie den Unternehmern selbst gehört: ihr Leben, ihre Zeit, ihre Community. Woanders ist man der Exot, wenn man nicht dem »höher, schneller, weiter«-Pfad folgt. Hier ist es normal. Natürlich findest du dort als Mitinhaber der eigenen Community auch viele unterstützende Angebote für deinen Weg. Du bist herzlich willkommen. Schau gerne einmal vorbei: www.100plus.community

Die *HIKE&STRIKE*-Jahresgruppen starten nur zweimal im Jahr – im Frühjahr und im Herbst. Mit maximal zehn Unternehmerinnen und Unternehmern sowie zwei Coaches gehen wir gemeinsam den Weg zur 1-Tage-Woche – dabei gehen wir tatsächlich. Wir laufen zusammen los und kommen gemeinsam besser an. Die dreitägigen Wandercoachings werden danach mit Einzelcoachings, die online stattfinden, kombiniert. Diese Kombination verbindet das Beste aus allen Welten. Die Lebensqualität steigt schon durch die Teilnahme. Mehr Informationen findest du auf der Website *www.hikeandstrike.com.*

**Dein Weg wird leichter
mit jemandem an deiner Seite,
der ihn schon gegangen ist.**

Was ist wichtiger? Der Weg oder das Ziel? – Deine Wegbegleiter! Aus eigener Erfahrung ist meine Überzeugung, dass es gar nicht so wichtig ist, *wo* und *wie* du deine Zeit verbringst. Es ist viel wichtiger und erfüllender, zu wählen mit *wem* du deine Zeit verbringst. Fokussiere dich auf die wertschätzenden Menschen in deinem Umfeld: Familie, Freunde, Mitarbeitende, Kunden, Lieferanten, Partner …

Im Idealfall hast du in deinem unternehmerischen Umfeld bald nur noch wertschätzende und wertschöpfende Wegbegleiter. Von allen zeit- und nervenraubenden anderen Menschen hältst du dich am besten fern. In diesem Sinne wünsche ich dir ein erfülltes Leben und die Zeit, es mit den Menschen zu verbringen, die dir etwas bedeuten.

Südpfalz, Oktober 2023
Ulrich Zimmermann

Dein Umsetzungs-Fahrplan

Wenn du nun unbegleitet oder begleitet deine zeitliche Freiheit (zurück) gewinnen magst, empfiehlt es sich, in den folgenden vier Phasen zu agieren:

Phase 1 – Klarheit schaffen
Schaffe dir Klarheit darüber, wie du idealerweise leben willst. Finde dein Ikigai. Entscheide, mit was, wozu, wie, wo und vor allem mit wem du deine Zeit verbringen möchtest. Optimiere deine Strategie auf deine Stärken. Das ist die Basis für deine zeitliche Freiheit.

Phase 2 – Loslassen
Mache deine Mitarbeitenden groß und gib nach und nach alle deine Aufgaben an sie ab. Auch die wichtigen. Erfinde deine Führungskultur neu als Mehrfach-Gewinner-Modell. Denke und handele als Aufsichtsrats-Vorsitzender. Arbeite nur noch *am* und nicht mehr *im* Unternehmen.

Phase 3 – Turbo einlegen
Mache auch die Lebensziele deiner Mitarbeitenden zu Firmenzielen. Lass sie ihre Potenziale entfalten und schaffe mit deinem Unternehmen den Raum, in dem sie ihre Lebensziele verwirklichen können.

Phase 4 – Leistungszwänge reduzieren
Reduziere deine Fixkosten. Verzichte auf unnötige Kosten, die nur deinem »schneller, höher, weiter«-Status gedient hätten. Vor allem: Reduziere deine Steuerlast.

Phase 5 – erhöhe deine Sicherheit
Baue dir deinen »Save-Room«. Sorge dafür, dass das von dir Geschaffene auch bei dir bleibt. Schaffe dir deine Familien-Holding, in der dein Vermögen vor dem Zugriff Fremder geschützt ist.

Phase 6 – verstetige und reflektiere

Bleib dran. Achte auf deine Zeit. Automatisiere, was immer zu automatisieren geht. Und reflektiere regelmäßig, ob du weiter auf Kurs bleibst.

Auf deinem Weg zur zeitlichen Freiheit kannst du gerne meine Unterstützung nutzen. Dein Weg wird leichter mit jemandem an deiner Seite, der den Weg schon öfter gegangen ist.

Kontakt des Autors

Ulrich Zimmermann GmbH
Gutshof Kaiserbacher Mühle
D-76889 Klingenmünster

Mobil: +49 160 4753396
Mail: Ulrich.Zimmermann@ulrichzimmermann.info

Webseiten:
www.ulrichzimmermann.info
www.DerWegZur1TageWoche.info
www.100plus.community

Quellen und Verweise

1 Mehr Informationen erhältst du unter: HIKE&STRIKE – Das Jahresprogramm für Unternehmer auf dem Weg zur 1TageWoche. Online abrufbar unter: www.hikeandstrike.com.

2 Vgl. Bund zur Errichtung der Rheinischen Jugendburg. Nerother Wandervogel. Online abrufbar unter: http://www.nerother-wandervogel.de/; besucht am 15.08.2023.

3 Vgl. Schwarz, D. (2008). Reise zum Horizont. Ein Film mit und über Dörte Schwarz. Online abrufbar unter: https://youtu.be/jcwb1UX-4CY; besucht am 15.08.2023.

4 Vgl. Berger, W., Schrey, D. (2017). Business Reframing: Humanes Management in Resonanz mit Herz und Hirn, SpringerGabler, 6. Auflage.

5 Vgl. Berger, W. (2012). Anleitung zur artgerechten Menschenhaltung: Wo Potenziale sich entfalten dürfen, macht Arbeit richtig Spaß, Kamphausen Media GmbH, 3. Auflage.

6 Vgl. Bundesverband Strategie Forum e.V. Online abrufbar unter: https://www.strategie.net/strategie-lernen/mewes-strategie/; besucht am 15.08.2023.

7 Vgl. Friedrich, K., Malik, F., Seiwert, L. (2009). Das große 1 x 1 der Erfolgsstrategie EKS®, Gabal.

8 Vgl. Bund zur Errichtung der Rheinischen Jugendburg. Nerother Wandervogel. Online abrufbar unter: http://www.nerother-wandervogel.de/; besucht am 15.08.2023.

9 May, K. (1962). Durchs wilde Kurdistan, Karl-May-Verlag GmbH.

10 Kailing, D. (2020). Besser Welt als nie. Online abrufbar unter: https://www.besserweltalsnie.de; besucht am 15.08.2023.

11 Vgl. Starker, V., Schneider, M. (2023). Endlich wieder konzentriert arbeiten!: Wertschöpfung im digitalen Zeitalter wirklich, wirklich neu denken, Rossberg.

12 Zimmermann, U., Starker, V. (2023). Der WegeBedarf-Podcast UnternehmerSein. Neu denken. Folge 96: Endlich mal wieder in Ruhe arbeiten können, Ulrich Zimmermann GmbH.

13 Zimmermann, U. (2022). Der WegeBedarf-Podcast UnternehmerSein. Neu denken. Folgen 74 und 75: Willkommen im Steuerparadies Deutschland, Ulrich Zimmermann GmbH.

14 Vgl. Bundesverband Strategie Forum e.V. Online abrufbar unter: https://www.strategie.net/strategie-lernen/mewes-strategie/; besucht am 15.08.2023.

15 Gelenkwellen / Kardanwellen / Kardangelenkwellen. Online abrufbar unter: https://de.wikipedia.org/wiki/Kardanwelle; besucht am 15.08.2023.

16 Gelenkwellen / Kardanwellen / Kardangelenkwellen. Online abrufbar unter: https://de.wikipedia.org/wiki/Kardanwelle; besucht am 15.08.2023.

17 Haas, O. (2014). Corporate Happiness® als Führungssystem: Glückliche Menschen leisten gerne mehr, Erich Schmidt Verlag GmbH & Co.

18 Haas, O. (2014). Corporate Happiness® als Führungssystem: Glückliche Menschen leisten gerne mehr, Erich Schmidt Verlag GmbH & Co.

19 Strelecky, J. und Lemke, B. (2009). The big five for live: Was wirklich zählt im Leben, dtv-Verlag.

20 Heiler, S., Borck, G. (2019). Chef sein? Lieber was bewegen!: Warum wir keine Führungskräfte mehr brauchen, Heiler&Borck.

21 Barghorn, G. (2020). Der Humanunternehmer: Neue Leichtigkeit für Unternehmen, Barghorn.

22 Zimmermann, U., Heiler, S.(2021). Der WegeBedarf-Podcast Unternehmer-Sein. Neu denken. Folge 36: Zwei 1-Tage-Woche Unternehmer im Interview, Ulrich Zimmermann GmbH;

23 Zimmermann, U., Barghorn, G. (2022). Der WegeBedarf-Podcast UnternehmerSein. Neu denken. Folge 47 und 48: Der Human-Unternehmer - Wie man ein 100-Mann Handwerksunternehmen völlig anders führt, Ulrich Zimmermann GmbH.

24 Barghorn, G. (2020). Der Humanunternehmer: Neue Leichtigkeit für Unternehmen, Barghorn.

25 Zimmermann, U., Barghorn, G. (2022). Der WegeBedarf-Podcast UnternehmerSein. Neu denken. Folge 47 und 48: Der Human-Unternehmer - Wie man ein 100-Mann Handwerksunternehmen völlig anders führt, Ulrich Zimmermann GmbH.

26 Zimmermann, U., Teltscher, M. (2021). Der WegeBedarf-Podcast UnternehmerSein. Neu denken. Folge 63: Führen wie Netflix – No Rules – Wie kann man eine Firma mit einem Dutzend Leute ohne Regeln führen, Ulrich Zimmermann GmbH.

27 Hastings, R. (2020). Keine Regeln: Warum Netflix so erfolgreich ist | Der Chef des Streaming-Dienstes über Unternehmenskultur, Controlling, Kreativität, Verantwortung und Spitzengehälter, Econ.

28 Zimmermann, U., Funk, D. (2020). Der WegeBedarf-UnternehmerPodcast der VR-Bank Starnberg-Herrsching-Landsberg. Folge 4: Wirklich gute Leute finden – Im Gespräch mit Dieter Funk - Brillenmanufaktur, Ulrich Zimmermann GmbH.

29 Vgl. Berger, W., Schrey, D. (2017). Business Reframing: Humanes Management in Resonanz mit Herz und Hirn, SpringerGabler, 6.Auflage.

30 Bregman, R.(2021). Im Grunde gut: Eine neue Geschichte der Menschheit, rororo Verlag.

31 Mogi, K. (2020). Ikigai: Die japanische Lebenskunst, Dumont.

32 Strelecky, J. und Lemke, B. (2009). The big five for live: Was wirklich zählt im Leben, dtv-Verlag.

33 Wader, H. (1972). Song »Heute hier morgen dort…«, Musixmatch.

34 Wader, H. (1972). Song »Heute hier morgen dort…«, Musixmatch.

35 de Saint-Exupéry, A.(2019). Der kleine Prinz, Anaconda Verlag.

36 Strelecky, J. (2007). Das Café am Rande der Welt: Eine Erzählung über den Sinn des Lebens, dtv.

37 *HIKE&STRIKE* – Das Jahresprogramm für Unternehmer auf dem Weg zur 1TageWoche. Online abrufbar unter: www.hikeandstrike.com.

38 Hemingway, E.(1999). Die Grünen Hügel Afrikas, rororo Verlag.

39 Zimmermann, U. (2023). WegeBedarf- Podcast UnternehmerSein.Neu denken. Folge 100: Das Hemingway-Prinzip. Sein Traumleben leben und davon leben können, Ulrich Zimmermann GmbH.

40 Zimmermann, U. (2020). 360 Grad. Der Unternehmer-Podcast der VR-Bank Würzburg. Folge 010: Warum du unbedingt dort versichern solltest, wo du finanziert hast, Ulrich Zimmermann GmbH.

41 Zimmermann, U. (2022). Der WegeBedarf-Podcast UnternehmerSein. Neu denken. Folgen 74 und 75: Willkommen im Steuerparadies Deutschland, Ulrich Zimmermann GmbH.

42 Köber, J. (2020). Steuern steuern, Finanzbuch Verlag.

43 Erhard, B. (2023). Genossenschaft für Unternehmer, Erhard Media eG, Sarstedt.

44 Zimmermann, U., Erhard, B. (2023). Der WegeBedarf-Podcast UnternehmerSein. Neu denken. Folge 97: Warum die eG die bessere GmbH ist, Ulrich Zimmermann GmbH.

45 Vgl. Klinkner, T., Wagner, D. (2022). Die Familienstiftung: Ein steuerlicher Praxisleitfaden, SpringerGabler.

46 Zimmermann, U., Klinkner, T. (2021). Der WegeBedarf-Podcast UnternehmerSein. Neu denken. Folge 33: Wie kannst du mit einer eigenen Familienstiftung freier werden, Ulrich Zimmermann GmbH.

47 Zimmermann, U. (2020). Wirklich erfolgreiche Unternehmer haben Zeit. Die 10 wirksamsten Hebel auf deinem Weg vom Hamsterrad zur 1-Tage-Woche.

48 Zimmermann, U., Cremers, N. (2022). WegeBedarf- Podcast UnternehmerSein.Neu denken. Folge 77: Von SteuerBeratern, SteuerVerwaltern, SteuerGestaltern und SteuerUnternehmern. Ulrich Zimmermann GmbH.

Weitere Verlagspublikationen

»Auch unabhängig von einem Kaufangebot stehen inhabergeführte klein- und mittelständische Unternehmen früher oder später nicht nur aus Altersgründen vor der Frage, wie die Unternehmensnachfolge geregelt werden kann.«

Christian Ahr
Erfolgreicher Unternehmensverkauf
Stolperfallen, die Sie vermeiden sollten
208 Seiten
Mentoren-Media-Verlag
ISBN: 978-3-98641-083-4
€ 24,99 [DE]

Jedes menschliche Leben hat irgendwann ein Ende. Anders sieht es bei einem Unternehmen aus. Hier liegt die Entscheidung ganz bei Ihnen: Soll Ihr Unternehmen eines Tages mit Ihnen ins Grab gehen oder möchten Sie als Inhaber vorher aussteigen und Ihr »Baby« die Möglichkeit geben, sich in neuen Händen weiterzuentwickeln? Im letzteren Fall sollten Sie sich lieber früher als später mit der Unternehmensnachfolge bzw. mit einem Firmenverkauf beschäftigen. Doch Achtung: Ein Unternehmensverkauf hat auch seine Tücken!

In diesem Buch trägt der Autor Christian Ahr die häufigsten Stolperfallen und Fehler für Sie zusammen, außerdem erhalten Sie viele weitere Tipps und Hintergründe rund um den erfolgreichen Verkauf Ihres Unternehmens. Sie erfahren, welche emotionalen Hochs und Tiefs auftreten können, welche Partner Sie an Ihrer Seite haben sollten und wie Sie diese arbeitsreiche Reise zu einem guten Ende bringen. Unabhängig davon, ob der Verkauf Ihres Unternehmens jetzt oder später ansteht: Mit diesem Buch sind Sie optimal vorbereitet für das, was auf Sie zukommt.

»Aber wir schreiben auch über das, was schlaflose Nächte bereitet hat. Über Entscheidungen, die heute so nicht noch einmal getroffen werden würden. An keiner Stelle geht es uns darum, jemanden bloßzustellen. Wir beschreiben Situationen so, wie wir sie erlebt haben. Radikal ehrlich.«

Michael Habighorst und Christian Pukelsheim
Radikal weg
Wenn der Chef ein Jahr Auszeit nimmt und das Unternehmen dennoch funktioniert
216 Seiten
Mentoren-Media-Verlag
ISBN: 978-3-98641-087-2
€ 24,99 [DE]

Was passiert, wenn der Chef oder die Chefin eine Auszeit nimmt und die Angestellten auf sich allein gestellt sind? Was geschieht, wenn er oder sie selbst nicht mehr für Fragen erreichbar ist? Christian Pukelsheim erfüllte sich den Traum vieler Unternehmerinnen und Unternehmer: Er überließ den mittelständischen Solinger Scherenhersteller Robuso seinen Mitarbeiterinnen und Mitarbeitern und segelte mit seiner Familie ein ganzes Jahr um die Welt. Der Unternehmensberater Michael Habighorst begleitete in dieser Zeit das Unternehmen in Solingen und stand den Angestellten mit Rat und Tat zur Seite. Er bekam aus nächster Nähe mit, was in einem Unternehmen passiert, wenn der Chef radikal weg ist.

Christian Pukelsheim und Michael Habighorst beschreiben in diesem Buch die Herausforderungen für Unternehmer und Mitarbeiter, welche Vorbereitung notwendig ist und worauf unbedingt zu achten ist bei einer Auszeit. Dabei geben die Autoren Einblicke in ihre persönlichen Erlebnisse und erzählen direkt und schonungslos von den Erfolgen und Misserfolgen. Sie berichten jedoch nicht nur von den Höhen und Tiefen dieser Zeit, sondern ermöglichen auch anderen, aus ihren Erfahrungen zu lernen. Ohne auszuschmücken – einfach radikal ehrlich!

»Erfolg und Verantwortung bedingen einander auf vielfältige Weise. Sie sind wie Zwillinge, die nur vollständig scheinen, wenn sie gemeinsam auftreten.«

Udo Gast
Erfolg braucht Verantwortung
Betriebswirtschaft hat abgewirtschaftet
288 Seiten
Mentoren-Media-Verlag
ISBN: 978-3-98641-038-4

€ 24,95 [DE]

In den letzten Jahren stellen Unternehmer immer wieder fest, wie verwundbar sie sind und wie schlecht sie sich auf Ausnahmesituationen vorbereitet haben. Umsätze gehen zurück, Mitarbeiter verlieren ihren Job und damit ihre Existenzgrundlage. Der gewohnte Erfolg bleibt aus. Andererseits zögern viele Menschen aber auch, sich auf das Abenteuer Selbstständigkeit einzulassen. Der zentrale Aspekt für persönlichen und unternehmerischen Erfolg ist das Thema »Verantwortung«.

Doch wo beginnen Sie mit Veränderungen und wie gehen Sie dabei konkret vor? Zahlreiche Beispiele aus der Unternehmerpraxis, Checklisten und Arbeitsblätter unterstützen Sie bei der Umsetzung. Aus zahlreichen Interviews mit erfolgreichen Persönlichkeiten sind die wertvollsten Erkenntnisse miteingeflossen.

»Wenn wir reden, sollte die Rede besser sein, als unser Schweigen gewesen wäre. Die Transaktionsanalyse ist geeignet, um genau das möglich zu machen: druckreife Sprache zur guten Entwicklung im Umgang mit sich selbst und mit anderen.«

Korai Peter Stemmann
Der Weg vom Durchschnitt zur Elite
Kommunikation als Transaktion – oder
die Psychospiele in Unternehmen
204 Seiten
Mentoren-Media-Verlag
ISBN: 978-3-98641-057-5
€ 27,99 [DE]

Jede Kommunikation hat eine Wirkung und die entscheidet über Freude und Leid, Anerkennung und Ablehnung oder Erfolg und Scheitern. Doch überall, wo Menschen sich begegnen, lauern auch Fallen: in Familien und Unternehmen, genauso in Vereinen oder in Parteien. Unser Sprachstil entsteht in der Kindheit durch die unbewusste Prägung durch die Erwachsenen. Später entscheiden wir selbst, wie wir uns sprachlich entwickeln, um unser Umfeld beeinflussen zu können. Das bedeutet, jeder ist als Erwachsener selbst verantwortlich, was seine Sprache bewirken kann.

Mit der Transaktionsanalyse startet der Weg in die geheimen Gesetze der Kommunikation, in den Umgang mit den Psychospielen bis hin zu den höchsten Formen der Sprachkunst über alle unsere Sinne. Erfolg hat als Basis die Sprache auf drei Leveln: verbal, nonverbal und transverbal. Einige glauben, man bräuchte Jahre, um es zu lernen. Hier zeigt Zen-Coach Korai Peter Stemmann, dass es bereits in zwei Schritten geht: Erst lesen, dann starten. Das Prinzip der elitären Verbesserung wirkt sofort: im Unternehmen, im Team und im Privatleben. Es ist möglich, beruflich und privat hohe gemeinsame Ziele zu erreichen und gegenseitigen Respekt zu fördern.